ものと人間の文化史

53-Ⅲ

森林 Ⅲ

四手井綱英

法政大学出版局

目次

II

III

序にかえて

随分長い「森林」という生態系とのつきあいになってしまった。私は一九九九年の一一月末には満八八歳になり、世間でいう米寿をほんとうに迎えることになる。中学一年生の頃から登山好きになり、高校も大学も山岳部に席を置き、大学では学生の探検部の部長までしたし、京大の学士山岳会の会長にもなった。かれこれ七〇年余、山と常に接し、大学で林学を専攻し、山林局員になって秋田を手始めに方々の山を歩き、日本の森林ばかりでなく北半球の各地の森林を見て回ったのだった。もう余生といってもいくらもないだろう。九〇歳まで現役をという、元気な人の目標も大体達成できた。

戦争中六年余り二回も召集され、前半は内地勤務だったが、後半は敗戦直前の中国で戦争とは全く関係のない放浪を何カ月か余儀なくされた。米軍の空爆で重傷を負って入院したり、最後の一年くらいは、三〇万の日本人の復員の仕事をしたりしたが、これが、私の最もめぐまれない時代で、山登りでも研究の上でも甚だしい遅れをとることになってしまった。しかし中国大陸のほぼ中央部の揚子江流域の森林に親しむことができたのはせめてものなぐさめだった。

戦後、林業の現場に復帰してからは、とり立てて自分の遅れを取り戻そうとしたことはなかったが、我ながら、涙ぐましい努力をしたと今になっては思われる。まわりの人々の絶大な協力を得て、フィールド専門の私の研究はほぼ思う通りに進んだと、自負している。

環太平洋諸島の森林生態系の生産力をひと通り調査研究するなどということは個人では決してできる仕事ではない。同好の士の協力があってこそできたもので、私はこれらの研究成果を決して私のものとはもちろん思っていない。皆さんの協力と絶大な努力のおかげだ。こういった研究は大学や林業試験場をやめてしまえば、もう決してできないことだ。

定年退職後は個人でできる、森林の保護問題に心をそそいだつもりだ。

全く自分個人の意志で参加した自然保護運動もあるが、文化庁の審議員として参加したり、京都府、市の委員として取り組んだ自然保護問題も多々ある。府の自然環境に関しての委員は二五年にもわたって三代の知事の間やったものである。もうほとんどの委員会は老齢故にやめてしまったが、今でも、近くの府県に棲むワシ、タカの保護問題は私の所へ持ち込まれることが多く、八八歳に近い今でも二つのワシ、タカの保護問題の解決に関係して委員長になっている。有難いことだと思う。老齢になっても、私を使ってくれる所がまだ残っているのだ。

しかしもうそういった公の席からも引退すべきだろう。今かかわっている仕事に目鼻が付けば、それで終わりにしたいと思っている。

皆さんに、改めて感謝したい。よくこの私を今まで使ってくれたし、働く場を与えてくれた。それだけでも、私にとっては、大きな生き甲斐だった。生きて行くためには、何か自分を生かしてくれる力がなければ楽しい生き方はできないだろう。

日本の森林は今までのような皆伐人工造林方式では国民の要望を満たすことはできないだろう。もっと自然林に近い森林を造成する天然更新法を研究して、実行しなければならなくなっている。そのためには今までのような経済林造成一辺倒ではどうにもならなくなるだろう。森林の持つ木材供給以外の多様な効用を発揮させるためには、私はもっと公共投資を森林の造成のためにそそがなければならないと考えている。

死後どうなるか。そんなことはどうでもよい。私にとって、世の中に残るのは、しばらくは、私とじかに接して私をよく知っている人の記憶があり、彼らの私への評価が私の存在した一つの目安になるだろうが、その他には著書で私が書いたいろいろな物が残るだけだ。しかしこれもそう永い時間残るとは思えない。それがなくなれば、私はこの世から永久に消えるだろう。

そんなことを考えると、本を出すことは、私がどんな男で何をしたか、何を考えていたかを知ってもらう唯一の最大の手段だろう。

法政大学出版局には、私のつたない「森林」に関するエッセイを、「森林」という題名で、「ものと人間の文化史」のシリーズで、すでに二冊も出してもらっている。編集者の松永辰郎さんは、もう一冊、私のいろいろな雑誌に出した、大小のエッセイをまとめて出してやろうと言われるので、お言葉にあまえて、手元にあった文を、なるべく前の二冊と重ならないようにして集めてみた。前にも言ったように、私も森林とのつきあいをこれでやめようかと思い、最後の一冊のつもりで、出してもらうことにした。

大方のご批判をお願いしたい。

山と森林と人のつきあいは、次の世紀になってもとだえることはない。さらに強くなるだろう。私の書いてきた雑然とした森林観が、今後の森林や山と人の関係に何らかの良い効果を、少しでも与えれば、この上もない幸せだ。

（一九九九年八月一日　京都の私の生家の古屋にて）

Ⅰ　海外森林の旅

熱帯雨林にて

私たちの森林生産力調査グループが初めて熱帯雨林の調査をしたのは、もう三〇年以上も前のことになる。当時はやっと森林調査の許可がとれたのは、タイ国だけだった。タイ国ではその少し前に北部の雨緑林地帯で調査が行なわれたのだが、次の機会に南下してマレーシアとの国境近くまで行くことができ、ようやく雨林らしい森林が現われて調査することができたのだ。クラ地峡あたりでは、まだ上層木に落葉樹がかなり混在していて、すぐれた雨林とは言いがたい。さらに南下してトランという南タイではかなり大きい町まで来ると、なお木の高さはそれほど高くはないが、常緑広葉樹ばかりの森林で、点々と林冠をぬけ出した超優勢木を持つ雨林らしい森林が出現するが、このあたりまで南下すると、ゴム園が急に多くなって、原生的な森林は交通の便のよい所では見られなくなる。幸いトランからほど遠くない所にタイの国立公園があり、原生林が保存されていたのを一部皆伐して調査してもよいことになり、日タイ合同で熱帯雨林の調査が行なわれた。

この報告はすでに出版されているので、ここでは述べない。私が熱帯雨林に接したのはこれが最初で、その後一〇年ほどたってから、京都大学の東南アジア研究所の用事でマラヤ大学へ行った際、同大学所属の雨林を視察した。ここでは、タイのカセツァート大学と、マラヤ大学の協同で雨林のフェノロジーの調査が行なわれていたのには興味を引かれた。それは林内の超優勢木の一本に梯子をかけ、梢に展望台を取りつけ、そこから定期的に双眼鏡で観察して、定められた雨林の主な組成樹種の現状を何年か記録し続けるものだった。たとえば開花、結実の状況、葉の展開から落葉までの経過などを逐一観察して記録して行き、森林内における組成林木の生活現象をくわしく解き明かそうというものである。五〇メートルを超える垂直に幹に取り付けられた梯子を週二回は登るというから、簡単なことのようで、苦労の多い仕事である。わが国ではこんなことはやられていないが、私が秋田営林局に在席していた頃、理由は忘れたが、秋田スギの開花がいつ頃だろうという問合せがあった。そう言えば残雪が花粉で黄色くなっているのを見たとか、風でスギ花粉がまるで黄色の霞のように林冠上を流れているのを見たから四月の初め頃ではないかぐらいで、適確な日時も年変動も分からなかった。もしも秋田スギ林のフェノロジーが何年か続けてやられていれば、そんなことははっきりしていて直ちに解答できたわけだ。

その後、タイのチェンマイ大学で熱帯林における焼畑というシンポジウムがFAO主催で開かれ、私も参加したのだが、その帰途カリマンタンの本格的な雨林を視たいと思い、木材商社に務めていた私の教室出の社員にたのみ込んだ。幸い彼がジャカルタ到着以後の旅行をすべてとりしきってくれた。

そんなわけでいろいろな段階の熱帯雨林を見学し、調査することもできた。また直接私は参加していないが、国際生物学事業計画に日本の生態学者が多数参加した際、マレーシアで熱帯雨林の調査が日本・マレーシア両国の共同で行なわれ、非常にくわしい雨林の生産過程が明らかになっている。

熱帯雨林は地球上で最も大きい現存量（蓄積）を持っていて、気候にめぐまれている。生物の生活に影響する気候を代表する主な因子は、温度と水分だが、そのいずれもが、赤道の付近で最大最良であることはたしかだ。ただ雨林と言うから年中雨が降っていると思う人が多いが、決してそうではなく、ほとんど毎日決まった時間にスコールが来る。一時間ほど猛烈に降ると後はからりと晴れて、すがすがしい青空がもどってくる。しかし林内は湿度が高く、昼間はいくらか下がるが、夜間はほとんど一〇〇％に近い。マレーシアの首都クアラルンプールへバンコックから飛んだ時、シャム湾を南下してマレーシア上空にさしかかった時、このスコールにあった。機長は毎日のことでなれているのだろう。スコールの黒雲をぬって西へ直進しベンガル湾上空へ出る。そこにはもう晴れた空が待っていて、しばらく洋上を旋回して引き返し着陸した時は、飛行場周辺のゴム園は雨上りのあざやかな緑に包まれていた。またクアラルンプールで午後の約束時間にマラヤ大学長に会いに行ったが、その直前にスコールが来た。スコールの時刻は大よそ分かるので、街はその時刻になると、人通りが途絶える。雨後のぬれた道を大学へとタクシーを走らせたが、途中で巡査に留められた。この先の道が浸水して通れぬから引き返せと言う。よほど強度の強いスコールだったのだろう。やむなく一度ホテルまで帰り出直した時にはもう洪水は引いていた。スコールになれているのは住民ばかりでなく、河も同様で、一時大洪水になっても、またたく間に流出して元に返るらしい。河の構造がそのようにできているとしか思えない。

気根の発達した樹木（カリマンタン）

このような短時間の豪雨が連日来襲するのが熱帯雨林の雨である。温度も全般に高温なのはたしかだが、スコールのたびに低下するから一日の最高温度は日本南部の夏のように、一月以上も三〇度を超えることはないようで、むし暑い京都の夏よりはかえってしのぎやすい感じだ。

　こんな環境条件だから、たしかに樹木の生育は旺盛だ。私は東南アジアの雨林しか見ていない。アフリカのコンゴやザイールの雨林、南米のアマゾンの雨林は知らないので何とも言えないが、雨林の北辺に近いタイ南部の森林では超優勢木が、四、五〇メートルしかないのに対しカリマンタンでは六〇メートルもある。樹高から見ても地球上の最高級のものだろう。しかしよく調査して見ると、林分としての毎年の純生産量は思ったほど多くない。光と温度と水にめぐまれているのだから、林分当りの葉の光合成量は温帯の森林に比べたしかに著しく大きい。すなわち総生産量は大きいが、呼吸による消費量もまた著しく大となり、両者の差の純生産量つまり実収入として林分に残る有機物量はそれほど増大しないらしい。呼吸量は高温になるほど急カーブを描いて増すものなのだ。

私が以前にオックスフォード大学の熱帯雨林研究者に会った時、彼は純生産量の最大値は熱帯雨林ではなしに、温帯の南部にあるのではないかと想像していると言っていた。純生産量は、私たちが北の北海道の亜寒帯林から南のマレーシアの雨林まで調べた結果では、このような最大純生産量のある地帯を求めることはできなかったが、北海道のトドマツ林分の純生産量も決してそれほど甚だしく低いものではなかったことだけはたしかだ。

米国オレゴン州カスケード山脈中の巨木林

つまり熱帯雨林は収入も大きいが支出も大きいぜいたくな金持ちらしい暮らしをしているのに対し、亜寒帯林では収入も少ないが、支出も少ないというつつましい暮らしをしていると見れば良いだろう。温帯林で非常に環境条件が良いと思われたのはアメリカ太平洋岸北西部の針葉樹林で、私たちは火山爆発で有名になったセント・ヘレン山南側の二種類のモミからなる森林で、最上層をなすモミの一種は直径二メートル、樹高八十数メートルのものが一ヘクタールに一〇本以上立っている壮大なものを毎木調査したが、シアトルに近いオリンピック山塊やその南部のオレゴン州の海岸山脈やカスケード山脈の温帯針葉樹林には、樹高六〇メートル、直径一メートルもあるダグラスファーやシトカスプルースが、ツガの林冠を抜けて、点々とそびえている林が方々にある。しかもこれらの森林の大半は山火事跡の再生林で林齢はせいぜい一二〇年余年であった。これらの森林は蓄積（現存量）も純生産量もかなり高いから、あるいはオックスフォード大学で聞いた純生産量最大地域は熱帯雨林ではなく、温帯にあるのがほんとうかもしれない。

熱帯降雨林では、毎年林地へ返される落葉、落枝の量は、乾重量で一二トンを超える測定値が出ているから、温帯の少なくとも二倍の枯死有機物が林地に返される。しかし環境条件の最良な熱帯雨林では分解が著しく早いので、林地に腐植として残っている有機物は温帯に比べ著しく少ない。温帯では炭素の量で代表される有機物が林地と林木に五〇%ずつ、あるいは林地に含有するほうが林木の有機物より多いのが通常であるが、熱帯雨林では大半が林木に含まれ、林地にはきわめて僅かである。最も手荒い林業としての皆伐でもすると、温帯では森林のもつ半分以上の有機物が土壌に残り、それが分解を続けるので、再生林は、よほどの特別の土壌条件の所でない限り、易々として再生成立してくる。皆伐後焼畑を続けても、放置すればいわゆる二次林が回復する。熱帯雨林ではこんなことをすれば、上記の日々のスコールが表土浸食を加速することもあってまともな森林の再生はおぼつかない。ましてや皆伐後焼畑が行なわれれば、何年もたたずしてイネ科の雑草やトゲのある低木類がまばらに生える不毛の地に変わってしまう。最初にタイ国へ調査に行った際、ジープで南下し、クラ地峡を西へ横断して少し南下したベンガル湾沿いの熱帯雨林中にかなり広いやせた草原が突如として出現したのに驚いたことがある。草丈はせいぜい膝にとどかず、赤色の土は固結していてすこぶる堅密だった。管理する営林署長にこの草原の成因について質問されたが、私たちは適確に答えられなかった。今考えると焼畑の跡だった可能性が高い。それとも、小集落があって開発はしたが不毛化して放置したのかとも思われる。人為以外の天然の成因も考えたが、全く不可解だった。

熱帯雨林の恐しいほど密立した森林を眺めていると、これがただ一回の皆伐とそれに続く原始農業といわれる焼畑耕作でたちまち荒地化するとは、多雨な温帯林に住む私たちには想像に絶することなのだ。

日本の森林は占有面積率は著しく高いとしても、人口一人当りの森林面積は世界でも最低の部類に入る。しかしごく最近までなお原生林が所々に残っていたのは、地形が急峻で開発に適しなかったからで、林政が確立していて、森林を巧みに管理していたからとは思えない。開発に適していた谷沿いや山麓の林地は三、四百年も前からしばしば伐り荒されて焼畑も広く行なわれていたのに、熱帯雨林のように荒廃林地にならなかったのは、土壌有機物含有量が著しく多かったからだろう。

わが国で荒廃した林地の多くは、瀬戸内海沿岸や島々に広く分布している深層風化の花崗岩地帯で、他は放置しておいても森林は回復する、まことに有難いめぐまれた国であることを忘れないでほしい。

タイの森林

一九八六年の秋おそく、久しぶりでタイ国を訪れた。タイへは森林調査やその他のことで、三〇年来何回か訪れたが、今回は京都大学東南アジア研究センターのバンコック事務所に私の教室の大学院を出た渡辺君が所長として駐在していて、何かにつけ都合が良かったので、余暇を過ごす、単なる遊覧客として、家内をつれての二週間の旅だった。タイには日本の国費留学生として京都大学へ来た私の旧い友人が何人もいるので、彼らにも会いたかった。日本の国費で京大へ留学した初期の人たちは、現在各大学の中堅になっていて、滞日中あれこれと私が面倒を見たことをよく覚えていてくれて、バンコックやチェンマイへ行くと何くれと世話をしてくれるのはうれしい。

今回もいろいろとお世話になった。今回はそんなことからあくせくと方々を走り回るのをやめ、できるだけくつろぐことにしておいたので、二週間たらずの滞在中に、大半はバンコックに留まり、チェンマイへ二、三日、南西のシャム湾に面した保養地のファヒンへ二日ばかり足をのばした。バンコック滞在中、中部タイ東部の山地にある国立公園のカオヤイと、チェンマイから一日で往復したドイ・インタノンというタイ国西北部国境に近い最高峰へドライブしたのが印象に残る旅行だった。

カオヤイ国立公園の観光

カオヤイ国立公園は日本からの観光客にはさほど有名ではないが、ヨーロッパでは有名らしく、出会った観光客はほとんどヨーロッパから来た人々だった。この国立公園には三室ほどあり、自炊施設のあるバンガローが、森林を開発して人工的に造られた広い芝生の中に点々とあり、安く貸してくれる。芝生の下部に人工らしい池があり、対岸はゴルフ場になっていて、そのそばにかなり大きなレストランがあるから、自炊しない人は、そこで三食とも食べられる。芝生の反対側は、かなり広い原生林が残っているが、常緑樹林と落葉樹林すなわち雨緑樹が混交している。この公園からもう少し北上すると、雨緑林地帯に入るから、このあたりが境目で、降雨林ほど発達はしていないが、山地常緑樹林の乾期のはっきりしていない地帯なのだろう。

カオヤイ公園は野生獣の多いので有名で、大型のものではゾウ、トラ、シカが何種か見られ、小型のものはかなりいろいろなものがいるらしい。サルも何種類かいるし、鳥も多い。私は動物専門ではないので、そのすべては分からないが、着いた翌日自然観察路に沿って原生林の中へ入ってまずゾウの足跡が小径を横切っているのに出会った。低木がむざんに踏みしだかれ、引き抜かれ、足跡の中にはぬかるみをずるずるすべったものもあった。この径を引き返し、谷沿いの小径をしばらく行くと、小さい谷を渡る所で、今度はトラの足跡にぶつかった。その中の一個はほどよくやわらかい土の上に実にきれいに印されていて、形がほとんどくずれていなかったので、おそらく前夜にでも通ったものだろう。この径は谷の対岸には自動車道が通り公園関係の人の居住地があり、さほど遠くない所の橋向うにはビジターセンターや管理事務所もある所で、原生林の縁部なのである。トラはおそらく、これらの住居で飼われたニワトリ等の小動物でもあさりに来たのだろう。この国立公園では少し前に管理事務所所属のレンジャーがトラに襲われ、常時もっているライフル銃を撃つひまもなく殺されている。レンジャーの死体の生々しい写真がビジターセンターに展示されていて、人を殺したトラは後日射殺されたらしく、その剝製も陳列してあった。私たちはトラの生々しい足跡を見る二時間ほど前にこれらを見ているので、足跡の写真をとるだけで先へは進む勇気が出ず、すごすごと引き返したのだった。その夕刻夜行性のシカなどを見るため、自動車で芝生広場を横切り、周遊路をゆっくりと走った。シカの何程かは芝生の広場に群で出てくるので、バンガローのポーチに立っていても見られるが、周遊路を走ると暗くなるにつれ、キツネ、タヌキほどの小さい動物の目が、ヘッドライトで光る。もちろんシカの目も時には十数頭の群がこちらを向いているらしく、村のあかりのようにきらめくこともある。一時間以上走ったので、小さい森の中の広場で暗夜にぼんやり見えるシカの群の姿と目のかがやきを見ながらUターンして元きた道を帰ることにした。しばらく路傍の小動物の光る目を見ながらゆっくり走ったところ、突然目の前に弧を描く大きな牙をもった雄ゾウが、こちらを向いて道路上に立ちはだかっているのに出会った。徐行していたとはいえ、タイ人の運転手は急ブレーキをふんだ。フロントガラス一杯にゾウの顔がせまる。皆アッと声を呑んだ。野ゾウと突然の初対面だ。距離は五メートルもなかったろう。ゾウが突進すれば一たまりもない距離だ。と言って大急ぎで後退できるほどよい山道ではない。度胸をきめて先方の出方を待つしかない。ゾウも驚いたのか、しばらくじっとしていた。にらみ合いだ。次の瞬間ゾウはゆっくり前足を山側の斜面にのせ、一、二歩前進して、斜面に前足を掛け、かろうじて自動車が通れるだけの道幅をゆずってくれた。後で考えると、あるいは観光客にかなりなれたゾウだったかもしれないが、その時はそんな気はしなかった。ふりかえって前足でたたかれたら自動車はひとたまりもないのだ。運転手は覚悟を決めたらしく、ゾウの尻すれすれに自動車を発進した。ゾウは前足を斜面にかけたままの姿勢で、われわれの車の通過を許してくれたのだ。

後でタイ人の運転手は初めての恐しい体験だと言っていた。永らくタイ国内を走っていても、野ゾウに直面する機会はそうざらにはないだろう。

二泊して帰る日にもう一度原生林を巡るドライブウェーを走ったが、途中にゾウの塩場があり、すぐ横に監視小屋があって定住しているらしいが、ゾウはこの小屋のすぐ近くを通って塩場に来る。塩場は土がつるつるになっていて、岩もきれいに磨かれたようになっていることから、塩がまかれると、かなりの数の野ゾウが夜ごとに集まるらしい。きっとそれを観に来る人もあると思われた。こんなことからゾウたちはある程度人との関係を知っているので、昨夜も道を開けてくれたのだろう。

大きなイチジク科の木にギボンが何頭か群れていた。私はあの声が大好きだ。マレー半島でもカリマンタンでも終日遊牧しながら鳴くギボンの声を聞いた。今までの経験では、泊り場は一定しているらしく、夜明けと共に泊り場を鳴きかわしながら出発し、昼頃しばらく静かになる。ひる寝でもしているのだろう。午後また来た道を引き返し、かなり早く泊り場に帰って静まる。こんな行動を毎日繰り返しているらしい。

イチジク科の樹上のギボンは自動車の音でも聞いたのだろう。カメラを向ける前にそそくさと姿を消してしまった。代わりにサイチョウが数羽森から飛び立った。飛ぶ姿が特徴的なのでそれと分かったのだが、しまい込んだカメラを急いで取り出す間にサイチョウの群は大集団だったことが分かった。百羽以上いたらしい。次々と群れながら同じ方向へ向かったが、写せたのは最後の小集団だけだった。

僅か二日半ほどの間に今までどこでも見なかったほど多数種の動物を見聞することができたのは、好運と言うより、それだけ動物の保護がよくやられていると考えたほうが良いだろう。カナダの例といい、タイの例といい、これくらいがあたり前の動物保護なので、どう考えても日本および日本人の動物に対する反応がおかしいと言えそうだ。人工植林を護るために、特別天然記念物のカモシカを年間一地区で一千頭も殺すなどという考え方はいささか気違いじみている。

ドイ・インタノンへのドライブ登山で見たもの

ドイ・インタノンはタイ国最高峰で、すこし前までは、山地民の道をたどって一週間もかけないと登れなかったのが、最近山頂に軍事施設のパラボラアンテナができ、そこへ通じる舗装された二車線の立派な道ができたので、すこぶる簡単に登れるようになった。

今回それを知ったので、チェンマイ大学に留学中の学生にたのんで、同大学のジープを借りて日帰りで往復することになった。ところが、彼の先生に会ってチェンマイ大学で話しているうちに、指導教官自ら新車のランドクルーザーで案内することに変わってしまって、昼食も何もかも大学でサービスしてくれると言う。山頂へのドライブウェーの途中、標高一千メートルあたりに山地民の定着農耕の中心地がある。古くから東南アジアの高い山の尾根の上や山腹で焼畑耕作をして生活している、いろいろな部族からなる山地民が居住しているので、東南アジアの山地では照葉樹林帯にあたる山地帯の森林が破壊され、すでに山地の七十数%の森林が荒廃してしまっていると言う。先年もこれらの移動しながら焼畑農耕を続ける山地民を定住させるためのシンポジウムが、チェンマイ大学の山地民研究所であり、私も参加して日本の焼畑耕作とその変遷について私見を述べたが、会場となった山地民研究所は、ケシの栽培とアヘンの密輸出で有名な、魔の三角地帯といわれるタイ国西北部のミャンマー国境に近いリス族の集落の中にあった。ここでも定着のための花の栽培を始めていたが、訪れたリス族の集落近くではケシ畑も多く、集落内には第二次大戦中に中国とインドを結ぶ公路沿いに警備に派遣され、中国が共産国になったために帰れなくなった漢民族の一団も含まれていた。花の栽培の他にも、シイタケの試作農園や蔬菜栽培も行なわれていた。この試験的な方策で、西北タ

タイ国ドイ・インタノンの熱帯林

イの山地民がある程度定着するようになったとも聞いたが、またうまく行かなかったという話も伝わっている。山地民定着のため小学校などもできているが、彼らは山地を移動しながらの焼畑農業をそう簡単にはやめないらしい。チェンマイ大学の若い研究者の聞き取り調査によると、山地民の六〇％以上が現状に満足していて、新しい定着農業をする意欲を示さないと言う。

平野部の農民などから全く隔離され自給生活をしていた古い時代なら、自分たちの農耕文化を最上のものと思うかもしれないが、近年のように多少とも現金生活になじみ、チェンマイまで下りて、民芸品をいろいろ売り、必需品を購入してまた山へ上ることがたびたびあり、現金による生活の充足度が徐々に増している時代でも、彼らの過半が、平野部と比べ満足度の低い、貧しい生活と思われるものに安定を求めているのは、部外者の私たちにはいささか解せぬことだ。ドイ・インタノン地域では、タイ国王直属のロイヤルプロゼクトといわれる王室の金で山地民の定着の研究調査が行なわれていて、国王自らもしばしば視察に来られると言う。ここの山地民は苗族等いくつかの部族からなり立っていて、現在の主産物はキャベツらしく、登るにつれて山脈に段々畑状に開墾したキャベツ畑が広がる。熱帯の千メートル以上の高地では、キャベツが良くできるらしく、ジャワ島西部の山地でも広い国営の茶畑の他に大玉のキャベツが市場にあふれていた。細い大根と抱き合わせで、キャベツ一個が邦貨で百円ほどだった。

その上ドイ・インタノンでは、滝の落差を利用して水力発電が行なわれていて、ビニール温床を利用したランの栽培やいわゆる電照ギクの栽培も試験的に行なわれ、イチゴも立派に作られていた。チエンマイ空港の売店で売られている箱入りのイチゴは日本と同じくらいのケース一箱が邦貨で三〇円ぐらいだった。これもトラックで毎朝出荷している。中心部にはタイ人の農業指導者の他に売店等もあり、デニムのズボンをはいた山地民がかいがいしく働いていた。民族服の子供がイチゴを売りに来た。休憩する登山客などに売っているらしい。

昼食後山頂へ向かったが、山頂付近はいわゆるモスフォレストで、年中霧がかかっている地帯なのだが、この年は霧があまりかからなかったらしく、山頂のすぐ下にある湿地まで干上がっていて、靴で歩いても少しも沈まない。地衣やこけも完全に干からびて、さわるとぼろぼろ粉になって散るほどだった。山頂にはいつからあったのか、こけむした石造りの祠があり、お参りする人もかなりあるらしい。照葉樹林に囲まれ、日本の山神を思わせる。二つのこぶになった山頂の一方は、きれいに整地され立入禁止の軍の施設があった。照葉樹の大木には大きな白い花が満開の着生ランが見事に咲いていたが、山頂を少し離れると、中腹までは山地民の焼畑跡がひろがり、山地の常緑樹林は見るかげもなく荒らされていた。

山地民の焼畑の跡を見て日本での焼畑耕作を考える

わが国の照葉樹林地帯でも同様の焼畑耕作はおそらく、稲作が伝播する以前から行なわれていたのだろうし、九州、四国、紀州などの太平洋岸山地ではごく近年まで、焼畑で生活する村があった。さらに落葉樹林地帯でもたとえば石川県白山山麓の「出作り」で有名な地帯には「なぎ畑」という名で

石川県白山蛇谷山中のブナ林の出作り（ナギ畑）跡

冷温帯林の代表樹種・ブナの葉と実

最近まで夏だけ山地に入り、夏間にはヒエ田を作り、傾斜地では焼畑をして雑穀を作っていた人々が住んでいた。彼らはいつの頃からか、冬季は下の村に下り、平野部で農家の藁仕事などの雑用をして冬越しをするならわしになっていた。

　特に南西部の日本では、平家伝説を持つ山村のほとんどが、焼畑民だったと言ってよい。しかし東南アジア山地ほど山地の荒廃が進まなかったようで、その理由は私にはまだはっきりつかめていない。あるいはそれぞれが属する山地そのものが、それほど広くなかったので、集落ごとのテリトリーが狭く、それをうまく利用するために早くから、ローテーションの規律が生み出されて、無制限な耕作をしなくなったからとも考えている。日本の焼畑地帯では、谷々に一つの集落ができ、その周囲には蔬菜などの生産のための常畑があり、その奥の山腹が焼畑地帯になっていて、一定の年数をへる焼畑が計画的に循環して行なわれていたようだ。

わが国の焼畑地帯では地力が低下して、放棄され、自然力で二次林が回復し、自己施肥機能が再び生態系を復元する方向に働いて、土の肥沃度が高まると、再度焼畑として利用されるという一般の焼畑のシステムは、木材の需要が高まると共に、耕作放棄直前あるいは直後にスギ、ヒノキの植林を行なうという、一種の混農林業に変わってきた所が多い。これは現在熱帯の焼畑地帯で国連などが推奨している「アグロフォレストリー」に近いやり方であったと思われる。いわゆる有名林業地として南西日本各地に残る古い林業地の多くは、古くから焼畑をしてきた山地に混農林業地として発達してきたものといえよう。その中には奈良県吉野林業のように密植、多間伐で有名な林業地もあるが、一般には宮崎県飫肥《おび》林業のように粗植林業であった。それは焼畑耕作がまだ行なわれている間に、スギ苗木などを粗植して、間作のように耕作を続けてある程度植栽苗が生長してから放棄するようなシステムを採ったものだ。吉野も焼畑から出発した林業であるが、吉野の林業は借地林業とも言われる。大阪、奈良などの木材消費地から人工造林地造成に必要な資金を導入し、吉野所在の山林地主が山守となり、その資金を運用して育成にあたったので、造林に必要な経費をできるだけ節約して、自分のふところへ入る金をふやすため、費用のかかる地拵え（地明け）面積を小さくし、そこへ苗木を密植した結果だ。ごく近年まで、投資家が山守りに支払う金は、造林面積当り幾らというのではなく、植栽苗木一本当り幾らだったから、一ヘクタールに一五〇〇ほどしか植えないより、一万本以上植えたほうが、山守りの収入は多かったのだ。その上これも最近まで、山の傾斜地の面積はほとんど測量されていない。私が京都大学にいた頃、演習林を新しく買うということで和歌山県の森林を方々調べに行ったことがあるが、林業家はこの谷には何万本植えたと言うが、何ヘクタールの造林地があるとは答えなかった。一般に山の面積を実測すると、台帳面積の二倍以上もあるのは、測量をしても正確には測れなかったからだろう。こんなことで、吉野には密植林業が成立した。密植すれば、しばしば間伐しないと、どうにもならなくなるし、市場に近い吉野では、初期の間伐のゼニ丸太（洗い丸太とも言い、末口が一文銭くらいの大きさ）でも結構市場価値があったのだ。話は横道へそれたが、日本の焼畑は熱帯のように不毛の土地にもならなかったし、タイ国など東南アジアの高標高地帯の焼畑のように荒れた森林にもならず、二次林という形で最悪の場合でもアカマツ林かクリ、コナラ林として再生してきたのは、幸いだった。日本のこうした森林は人が守って来たというより土壌条件をはじめ幾多の自然条件が良好だったからだと言ってよかろう。

タイ国のメナム河ばかりでなく、一九八八（昭和六三）年はバングラディッシュのガンジス川でも大水害が発生していて、その原因に上流地帯の森林の破壊があげられている。心すべきことではなかろうか。

砂漠の国にて

日中合同のナムナニ峰友好登山が、一九八五年に行なわれ、無事登頂を果たした。ナムナニ峰はチベット西部にある。未登頂の山では世界第二番目で、永年日本の登山家が中国登山協会へ許可申請をし続けていた、秀峰であった。この登山隊の日本側の代表に私がなったのは、京都大学学士山岳会と同じ京都にある同志社大学山岳会が、同じ人数を出し合って日本側の登山隊を編成することになったので、現在そのいずれにも直接所属していない私が代表役を仰せつかったのだ。当時私は京都府立大学の学長の職にあった。中国の登山協会は同国のスポーツ省の組織の一つであって、自ら登山隊を作って登山する他、国内のヒマラヤ山脈などにある高峰への登山を希望する外国隊への許可権限を持っている。この協会が設立されまだそれほど年月がたっていなかった時期にチョモランマ（エベレスト）へ中国側から国力を結集して、壮烈な登山を行ない、初登頂したのは、もう二〇年も前のことになったが、外国隊と合同して未登峰にいどんだのは、今回が最初だった。この登山隊編成に協力した、日本側の先輩たちは、お礼の意味もあったのか、元老団という名で、西域すなわちシルクロードの西端のカシュガル中心の未開放地域への旅行に招待された。人数は約二五名ほどだった。私は元老団の隊長として、この旅行に加わり、初めてパミール高原や崑崙のアカズ峠、その山麓の日本人が初めて入るアクス、イエチョン、ホータンなど二、三のオアシスの町を訪れることができた。

北京から新疆ウィグル自治区の中心都市ウルムチまでは汽車も通じているし、北京からはパキスタンのカラチへ飛ぶ国際線の大型ジェット機が飛んでいるのだが、これから先、アクスを経てカシュガルへは小型の双発のプロペラ機にかわる。ウルムチでは立派な幾棟もある迎賓館にとめてもらい、まわりにはポプラばかりでなく、ニレの大木のある下草も茂った立派な木立を見たし、近くの観光地、

草原地帯に残る亜高山帯のトウヒ林（天山山脈）

天山山脈（上）とパミール高原（下）

保養地になっている山地の亜高山帯林にはトウヒのきれいな針葉樹林帯を視たが、ウルムチからすぐ北の天山山脈を越えると、そこには広大なタクラマカン砂漠が広がる。この砂漠は天山と崑崙の両山脈にはさまれた盆地で、その長さは日本列島が楽々とおさまり、幅は中部地方の二倍ほどはある。現在は天山、崑崙西山脈に残る氷河の水が流れ込んでいて、大きな氷河の下流には、大きなオアシスが造られ、氷河の水を灌漑水として、幾重にも分流して、多くの堰を設け、巧みに水を利用して農耕や放牧が成り立っている。私たちはこの砂漠を見るまでは、オアシスというものを地下水の利用による汲みあげ井戸とその周囲に育つ数少ないヤシの群落をもつごく小面積のものをなんとなく想像していた。しかしこのあたりのオアシスはそんな小さなものではなかった。

関東平野や大阪平野ほどの広さのオアシスがいくつもあることを知った。そしてオアシスの中心の都市は、日本の人口十数万の街並に匹敵するきれいな商店街を持ち、最近ではかなり高層のアパート等も多く建ちはじめている。バザールは品物も豊富だし、人の出入りも多く、こんな奥地にこんな立派な町があることで、私たちはロマンチックなオアシスの印象をすっかり塗りかえねばならなかった。古い市街地はもちろん、日乾煉瓦の低い屋並であるが、これも外形と内部はすっかり違う。農村や街の商店主の家へ入ったが、壁や床はすっかり、じゅうたんで覆われ、土足であがるのに二の足を踏まねばならなかった。手織のじゅうたんが、ここではおしげもなく、床や壁を包んでいる。近くの農村では夏作物は亜熱帯、温帯作物ならひと通りそろえられる。灌漑の便のよい所では水田もあり、彼らはここの米はおいしいと言う。蔬菜はいろいろ作られていて事欠かない。果物は実に多く、アンズ、

タクラマカン砂漠のオアシスの水田とポプラ林

タクラマカン砂漠のオアシスでの歓迎会（クルミ林の中で）

スモモ、スイカ、ウリはどこへ行っても山盛りで出て来て食べきれない。クルミの果樹園を見たし、ホータンでは樹齢五〇〇年を超えるという巨大なクルミの樹を見た。クルミ園の木陰で開かれたアクスのダンスパーティは大変印象的で、終わりに近くなると、われわれも飛び出してダンスに興じたものだ。ウィグルで総称される人々はアーリアン系の顔立ちをしていて美人が多いが、隊員の中に子供の尻の蒙古斑を見てまわったのがいて、皆青あざがあるから、私たちと同じモンゴリアンだと言っていたが、ちょっと大胆な推理だが、おそらく西から侵入して来た民族と混血したのだろう。空からオアシスを眺めると、河の流域を中心として、同心円的にオアシスは広がる。最も水の便のよい中心地は農耕地で、水利により水田や蔬菜園、果樹園、麦畑が区画され、それより水の不自由な草地にはすでに固定化した牧場による牛、羊の放牧、さらに外側の灌漑水は行かないが、なおまばらな草生地の広がる所は遊牧民のテリトリーである。このあたりの遊牧民はモンゴールなどと異なり、高地と低地を登り下りながら家畜を飼っているようだ。

夏は高山帯のスイスのアルプに似た草地へ移動するが、冬は低地へ降りて、オアシスの外縁部の枯草を飼料にしているらしい。下へ降りた冬は、パオやテントを用いず日乾煉瓦の家に暮らす人も近頃では多いらしい。パミール高原へジープで登ったとき、氷河の下部に広がる草原で馬を走らせ、羊を飼う遊牧民に会った。パミールからの帰途イエチョンの手前の牧畜民のコルホーズに招待され、大きなお椀で、そこの御自慢のヨーグルトを御馳走になったが、コルホーズ式の集団牧場はすでに廃止されているはずだのに、会議室らしい広間には、大きな額にスターリンや毛沢東の写真が掲げられ、いろいろな生産計画の図表が貼ってあった。産業改革をしている現代の中国では、いささか時代遅れのような気がしたが、後日内モンゴールの遊牧民の現状を見て、牧畜関係ではひょっとすると、今でもこうした集団としての統制が必要なのかもしれないと思うようになった。と言うのは、家畜を扱う、遊牧や牧畜の生活で、統制がはずれると共に各戸の飼う家畜の頭数が著しく増加し、モンゴールではどこへ行っても過剰頭数による草原の砂漠化が心配されていたからだ。草地改良による生草量の増加などは、わが国など環境の良い地域では可能だが、降水量が少なく、極相植生が草原にしかならない地域では甚だ困難で不可能に近い。したがって、自然の生草量から計算できる放牧限界頭数以下に維持しなければならないだろう。集団経営から転換して、各人の責任制で行なわれている現状では、各人の自覚にまつしかなく、飼育頭数の制限は大きな課題になってくる。このことは、灌漑の行なわれているオアシス中心部の農地でも同様で、灌漑水の利用、各堰の開閉にはおのずから一定の規準、規則が必要で、流域民がそれに従わなければ、広いオアシスの農地を維持できなくなるだろう。

さらに灌漑により維持されている農地にはもう一つ大きな課題がある。それは土中からの水分の蒸発が、このような乾燥地帯では著しく盛んで、多雨地帯なら地中に浸透する塩類が蒸発と共に表土に昇って来て多量に蓄積され、永続的な農耕が不可能になることだ。一般には表土の塩類が過剰になると、灌水して洗い流す方法が採用されている。そのため、畑は水田と同様に周りにあぜがあり、灌水に便利なようになっている。ビニールシートをある深さで、土中に敷きつめ、深土からの塩類の過剰な上昇を阻止する方法も考えられているようだが、実行は難しいだろう。

ともかく広大なオアシスの中心部では、農耕が広く行なわれていて、私の持っていたオアシスの概念をすっかり崩してしまったのが、タクラマンカンの砂漠のオアシスだった。さらにオアシスの住民が営々として、道沿いにポプラや柳を植え、緑化に努力しているのは驚異だった。それもただ一列だけの並木ではない。何列も幅広く植えられている所が多いし、集落に入ると、これが砂漠の村かと思われるほど村全体が森林に包まれていると言ったほうが良いほどの樹林が形成され、土壁の門をくぐると、ブドウ棚があり、菜園があり、果樹が植えられているのには感心する。多い樹種はポプラと柳だが、これは単に砂漠からの砂嵐を防ぐばかりでなく、間伐されたポプラの幹は多様な用途に活用されている。バザールの近くの木工の町の木材はすべてポプラであったし、伐られた木の根は掘り出して、乾燥して燃料に用いられている。森林の国の日本では、多種な樹があるから、ポプラのようなやわらかい木の木材としての利用範囲はきわめて限られているが、砂漠の町では唯一の木材であった。

大分以前のことだが、パキスタンからの留学生が、日本に来て驚いたことが二つあると言っていたが、それは、街路樹に一度も水をやらないのに、元気に育っていることと、山に森林が繁っていることだそうだ。パキスタンでは日に何度か街路樹に撒水しないと枯れるし、山はハゲて地はだが見えているものとばかり思っていたのだ。森林や樹木の緑に関しては、わが国では、誰もが当然のことと思っていて、むしろおしげもなく伐り払い開発することが文明だと感じてもいるらしいが、乾燥地帯では緑はぜいたくなもので、それ相当の金と努力を加えないかぎり存続し得ないものと言える。タクラマカン砂漠のオアシスの緑はすべて一定量の灌漑を繰り返さないかぎり保持できないもので、人の生活に必須のものと考えられ、わが国のように粗末に緑を扱う国とは全く別の世界であることが分かる。

機上から眺めると、緑色のある地域は人が生活できる地域で、緑のない砂漠は、死の世界なのだということがはっきりする。

ポプラ並木の続くオアシス中心部には生き生きとした人の生活があるが、辺縁部のまばらな緑の地域は、かろうじて遊牧民が生活できるとしても、そこは生活のぎりぎりの線上にあると言ってよい。

モンゴール大草原といい、タクラマカン砂漠やオアシスは、森林地帯に住む私たちにとっては、全く異質の生活環境であろう。ここへ来て緑の大切さがやっと私たちに呑み込めたような気がした。

シベリアの森林

もうかれこれ十数年前のことだったと思うが、ヨーロッパの人々と日本人との自然観の違いを知ろうとして、当初はドイツとフランスを採り上げ、住民票による無作為抽出でアンケート調査をしたことがある。ドイツへはドイツ語、フランスへはフランス語、日本へは日本語で同じ課題を出してやったのだが、この仕事にはドイツやフランスの林学者や林業家が絶大な協力をしてくれた。フランスのナンシーにある国立林業試験場では場員が街へ出て戸別訪問をして聞き取り調査をし、ドイツのフライブルク市の国立大学では、アンケートのドイツ語訳はもちろん、手紙で市民に送った回答の収集、整理全般をやってくれた。そんな多様な協力に感謝の意を表するため、日本側の関係者一同が、五月に両国を訪れたのである。

私は家内を同伴したのだが、五月という時期がヨーロッパでは春の一番良い気候で、花が最もたくさん咲く時期だと、物知り顔で彼女に話したのだが、彼女は一向に了承してくれなかった。これについては面白い話がある。私たちが高校生の頃、かの有名なドイツ映画「会議は踊る」が上映され、高校生の間では、その主題歌が愛唱された。その歌の最後に〝春に五月は一度しかない〟という句がある。日本は桜三月とか、春は四月とか言って、春らしい月はヨーロッパより少なくとも一、二カ月早い。

高校のドイツ語の教官が前期末試験にこの「会議は踊る」の主題歌を出題して訳させたが、だれも五月とは訳さず、三月とか四月と訳したそうだ。

日本でも北海道の春は五月で、梅も桜も桃も一度に咲くといわれる。

ドイツの五月はたしかに年にただ一度しか巡ってこない美しい、はなやかな春だったので、家内も満足したようだった。到着したライン河沿いのフランクフルトやフライブルクの街のトチ（マロニエ）の木は桃色と白の花穂が満開で、花の香りが街に満ちていた。後で登ったシュワルツワルトの牧場も草花に満ちあふれていた。ただ気の付いたことは、花一杯の牧場は現在使われていない部分で、良い、使用されている牧場は緑豊かな牧草ばかりで、草花はほとんど見当らないのだ、草花はきれいだが、牧場にとっては雑草だから、そうなるのだろう。私たちは、シュワルツワルトの小さい村の教会に泊めてもらい、この地帯の特徴である森と牧場の混じった風景を満喫したものだ。ライン河の対岸のフランス国の、シュワルツワルトと対峙するボージュの山群も同様だった。到る所、木も草も春の花を咲かせていたのだった。

この旅行の時、私たちは初めて、ソ連のアエロフロートを使った。東京からシベリアを横断し、モスクワを経由して、フランクフルトへ行く便だ。それまでにもヨーロッパへは行ったが、東回りで、アンカレッジ経由、北極を横断してのアムステルダム行きだった。このルートでは流氷群で埋まる北

ドイツのシュルツワルトのブナ，トウヒ混合林

極海を縦断し、グリーンランドの氷帽、氷河を右に見て南下するという、私の子供の頃はアムンゼン、スコット等有名な探検家の大活躍の場であって、到底常人には近づけない海上を下に見て飛ぶので、大いに興味はあったが、森林生態学を専攻する私にとっては、タイガーと称せられるシベリアの大森林地帯を横断するのだから、たとえ高度一万メートルからでも、タイガーの様子をしっかり眺めたいと思った。五月初めのシベリアは、まだすっかり雪の下だったが、ほんとうに幸いなことには、日本海上と沿海地帯は曇っていたがシベリア上空は雲一つない大快晴だった。はるか下方だが、凍土の上に積った雪は氷結しているらしく、ギラギラと太陽に輝き、すでに雪表面は融けはじめているが、凍氷層を浸透しない水が雪表面を光りながら流れているのが分かる。森林はカラマツの疎林で、一本一本の樹影が凍氷上にくっきりと

影を落としている。ところどころ大きな河、これも氷結したままの河表面にかなりの量の水が流れているのが見えたのだった。

時々大きな北極海へそそぐ河が見えるが、名が分からない。ボタンを押して乗務員を呼ぶと、しばらく間をおいて出て来る。あの河は何河と聞くと、決して即答はしない。ちょっと待ってと聞きに帰る。またしばらくして河の名前を言いに帰って来るが、その時は、いくら高度を飛んでいても、河ははるか彼方へいっている。次の河の名を続いて聞いても、決してすぐには答えない。なんだか上司の指示がなければ、言ってはいけないようになっているのではないかと思われる。それともソ連式なのかも知れない。二、三回それを繰り返すと、もういやになって尋ねなくなってしまう。そこが先方のねらいかもしれないとまで思った。窓から写真はとるべからずと書いてあったと思うが、これにはことわりなしにとっても知らん顔をしていた。私たちの写真機では軍事機密は写りようがないからかもしれない。

ともかく旧ソ連の共産国は当時やはりいろいろな点で資本主義国とは異なったところが多かったが、初めて見るシベリアの永久凍土地帯のカラマツ林は私の好奇心を満足させてくれた。氷結した大雪原の積雪層の上を流れる光輝く水だと私が見たのが正しいか否かは心配だったが、モスクワ空港に接するカラマツ林内の残雪も、シベリアのカラマツ林同様水浸しだったから、まず間違いはないものと思っている。

シベリアの永久凍土は現在の地球気候で生じたものではない。それ以前の寒冷期の氷河期といわれる低温時代に生じたものの名残りだ。今でも地下深くまで凍り、夏、表層土が僅かに解凍する土と僅かな水を使って生じたのがカラマツ林だ。真冬は表土も凍結するため、地球上に最も少ない落葉針葉という生活形を持つカラマツが広大な面積に分布しているわけだ。落葉針葉という生活形は、よく私が主張する四大生活形の常緑針葉、常緑広葉、落葉針葉、落葉広葉という大分類の一つではあるが、これに含まれる樹種は前にふれた通りきわめて少ない。カラマツの各地方種、沼杉、水杉のほか、第二次大戦直後に中国で生存しているのが発見されたメタセコイアぐらいしかない。しかも北半球に限られている。なかでもカラマツの分布は広く、北半球のどの大陸にもあるが、シベリアの永久凍土帯のカラマツ林は最も広大な面積を占有している。

この飛行でともかく大空から広大なカラマツ林を一望できたことは幸いだった。帰路再びフランクフルトから同じソ連機に乗ったが、シベリアは深い雲におおわれていて、全く一瞥もできなかった。往路は千載一遇のチャンスだったとしか言いようがない。できるものなら、飛び降りて、凍雪の上を水が流れる様子を見たかった。

シベリアのカラマツはひところ、海洋筏で大量に日本海を曳航されて、日本海沿岸の港に大量に輸入されたが、用途の点で、種々難点があるためか、その後カラマツの輸入はあまりふるわない。ところが、シベリアの永久凍土帯に生育するカラマツ林はこうして伐採されると地表付近の気候が変わり、平均的に温暖化するためか、凍土の厚さが次第に減少して行って、再びカラマツ林に帰ることはないらしい。そして元の表面から著しく落ち込んだ低湿地化して草原に変わってしまう。つまり表面の凍土層がとけてなくなってしまうようだ。こうした地は牧野として用いられるが、カラマツ林には再び回復しない。第二次大戦後、満州地方（現在の中国東北地方）に駐留していた多くの日本兵が、ソ連の捕虜となり、このシベリアのタイガー地帯でカラマツ林の伐採に苛酷な労働を強いられ、多数の死者を出したことは、悲惨な出来事だった。

シベリアのタイガーはわが国からそう遠くないのに、日本人による生態的な調査は何もなされていない。これはソ連という国の性格が災いしたのだが、利用が先行してしまっているので、大変心配だ。共産国が瓦解した現在は、努力して入国し、早く調査する必要があるのではなかろうか。

草原の旅

一九八七年の七月、私たちは内モンゴールの東部の大草原を正味一〇日ほどマイクロバスで旅をした。まだ開放されていないこの地域は、第二次大戦後私たちが初めて許可された旅行団だった。マイクロバス二台、トラック一台、それに先導してくれるジープ一台が編成だった。

一応日程は決まっていたが、予定通り走れた日はなかった。それはまだ自動車道はおろか馬車道もない大草原を先導車をたよりに走るからだった。大草原は完全に遊牧民のテリトリーで、彼らのパオ（ゲル）は地平線まで、見渡す限りの広大な草原のあちこちに遠く近く現われては消えるが、彼らの移動には道は必要ではなかった。近代化と共に幾つかの小さい村が点々とできてきた。その村は決して遊牧民のためのものではない。あるものは鉄道沿いの国境の町として、あるものは新しく発掘され始めた、石油、石炭その他鉱山の基地として、また古い町はラマ寺を中心にして、革命後いろいろな学校ができたりして、その中には行政地区の中心街になった所もある。

草原の中に点々と町ができると、遊牧とは無関係に道が必要になる。物資のトラックによる運搬がはげしくなるからだ。しかし道造りはまだ始まったばかりで、トラックも草原を踏みしだいて走り回

（上）内モンゴールの草原，（下）同マイクロバスの旅

っているのが現状だ。

したがって私たちが外モンゴールのウランバートルへ通じ、国際列車がモスクワから一週間がかりで北京に通じる鉄路の国境の町「二連浩特」の迎賓館を後にして「錫林浩特」へマイクロバスで走り出してからは、縦横にわだちが走るトラック道にほぼ沿って走ることになる。

どこでも走れる大草原に残るわだちは全く勝手気ままで、何本も平行したり、交叉したりで、その中から目的地へ向かうらしいものを見つけるのは熟練を要する。たえずジープが少し先のほうを走り回って、合図をしてくれる。ジープは方向を定める他にぬかるみを避ける任務がある。降水量が年二〇〇ミリもない乾いた草原にも湿地が出てくる。モンゴールの草原は溶岩大地の所が多いらしく、表土はかなり浅いらしいが、ちょっとした凹地には湿地ができ、何回か車が走ればぬかるみに変わる。平坦な草原では近づくまで、ぬかるみは分からない。そこでジープが先導して合図をしてくれることになる。私たちのバスは、おろしたての新車を出してくれたのだが、ぬかるみには弱い。草原の中を右へ左へと曲りくねって走ると、すぐ私たちには方向感覚はなくなってしまう。僅かに太陽の位置で、大体東へ向かっていることが分かるだけだ。ぬかるみだけではない。時には細かい砂、おそらく西の砂陰から吹き寄せられたのだろう砂が広く溜っている所もある。これもバスには苦手だ。何度もスリップする車を総員下車で後押しした。時には快適に速度を上げて、大海を渡るモーターボートのように走る。こんな時は、窓外にラクダ、牛、馬、羊の大小の群が次々と現われ、消えていって、初めて見る大草原の風景に感激するが、のろのろ運転が続くと、目的地まではたして今日中に着けるのかと、いささか心細くなる。大草原の広大さは目で見る以外に、言葉では言い表わせない。特に日本のように大草原の少ない、どこへ行っても森と山が視線に入る国から来た者にとっては驚異そのものなのだ。しかもその草原が見える限り家畜に喰い荒らされている。ラクダグサという丈の高い草も、少しばかり新しい芽が吹き出した喰い跡のなまなましい株が点在するにすぎない。小型のイネ科草本は、見るもむざんに喰い荒らされている。僅かに残る広葉草本は家畜の嗜好から外れたものか毒草だろう。これらの喰い残されたものにはきれいな花の咲くものがあり、それらが大草原に彩りを与えてくれるのは旅行者をなごませる。

先年、ヨーロッパの春たけなわの五月にシュワルツワルトを訪れたが、現に放牧に使用されている牧場は手入れが行きとどいているからか、花の数も種類も少ないが、放棄された牧場は色とりどりの花がイネ科草本に混じっていて実にきれいだった。ヨーロッパの牧場はたぶんに人手が入り管理されているが、モンゴールの草原はただ家畜が喰い荒らすだけで、遊牧民は家畜の管理は行きとどいてやっているが、草は天から与えられたままなのだ。

大海にただよう船のように、私たちの自動車集団は自然に圧倒されながら、身をまかせて走る。したがって予定はあっても無きに等しい。一〇日ほどで約二〇〇〇キロ走ったが、一日として明るいうちに目的の街へ着いたことはなかった。幸い初めの何日かは寡雨地帯らしく、快晴だった。時には雷鳴をはるかに聞き、夕立雲の一団が地平線に湧きあがり、押し寄せて来ることもあったが、夜は五度以下に低くなる気温も日中は三〇度に近くなるからか、夕立雲からの雨脚は雲をはなれてしばらく落下した所で蒸発して霧散し、地表には到達しない。予定を越えて夕闇がせまる。大気の汚れていないこの地域では、こんなに星がたくさんあったのかと驚くほどの星空がひろがる。気温はぐんぐん下り、はだ寒くなるが、バスを止めて満天の星を眺める。大戦前までは京都でもこんな空がまだ残っていたように思うが、大気の汚ればかりでなく、街燈の明るさが、星空をすっかり奪ってしまったようだ。再びバスを闇夜に走らせる。ところが全く不思議な感覚がおそってくる。車を走る上の空はたしかに星空なのだが、道は大森林の中を真っすぐに続いていて、われわれの走る道の両側は高くそびえた真暗な大森林なのである。何度ここは大草原の中だと自分に言い聞かせても、大森林の中の一筋の道を走っているとしか思えないのだ。左右を目をこらして見るが、いずれの側も密林としか思えない。いくら思い直してみても、森林なのだ。私だけかと思って同乗者に聞くと、その人も同じ思いがしていると言う。後日他の車に乗った人の日記を読んだが、彼も密林の中を走っていると感じたと記していた。

ようやく目的地らしく、ちらほら灯が見えかくれしてきた。しかしこれも目をこらさないと見失う明るさ、しかもほんの三、四点、これがモンゴールの街の灯なのだ。街へ入っても街燈などが光り輝いている町ではない。窓からもれる電燈が暖か味を持つあわい光だけだ。

私は、やはり私たちは森の人間だということに気づいた。街の灯のない所は森や畑、畑ではあちこちに村があるだろう、真暗闇は森の中しかない。これが雨と温度にめぐまれた日本の姿であろう。だから地平線まで続く大草原の暗闇は私たちの感覚にはない。もはや暗闇は森としか感知できなくなっているらしい。

何日か走った後、夕刻にものすごい夕立にあった。わだちはたちまち膝を没する流れに変わり、視界は零に近くなり、とうとう立往生してしまった。乾いた草原はぬかるみに変わり、ジープ以外は全く動けなくなってしまったのだ。このにわか雨があがるのを待つうちに夜が来た。大草原はすぐに大森林に変わり、私たちは道のない大森林に取り残されたように思われた。一同はバスの中でごろ寝する覚悟をしたが、数人がジープに乗り、そう遠くない所にあるはずの湖畔の新しい集落を見つけに出発した。目をこらすと、何回かはかすかな明りが見えたような気がしたが、それは現実とはかなりかけ離れたものだった。私たちは草原の暗闇を何回となく大きな円を描いてさまよったらしいことが後で分かったが、見えた明りは探し求めた漁村のものだったらしい。やっと土塀らしいものに行き当り、漁村を見つけたのは真夜中だった。しばらく中国人の間の交渉が続き、招じ入れられたのは、暖かい部屋だった。しかしそれまでこの集落が草原に続く湖畔のものだとはどうしても思えなかった。ともかく寝に就く。夜が明けて屋外に出て見れば、昨夜森林の中の小さい集落だとしか思えなかった集落は、湖が一方に広がるが、背後は多少の起伏を伴った大草原でしかなかった。日本人は森の人だとつくづく自覚したのはこの時だった。私たちは生を得てこの方、こんな広大な低木一本すら見られない景観には接していない。どこへ行っても森があり村があるのが私たちの生活の場だったのだとようやく悟ったのである。

ついでに記しておくが、この漁村は中国が共産国になってから新しく造られたコルホーズらしい。コルホーズは今は解散したのだが、今でもこの漁村は集団生活をしている。何戸かが大きな乾煉瓦の塀に囲まれた生活をしていて、朝食は以前のコルホーズの食堂で食べさせてくれた。モンゴール人は魚は好まない。ここの漁民集落はそのことからも、共産国になってからの全く新しいものだと言えそうだ。昨夜の雷雨はここでも、まれに見る強雨と強風をもたらしたらしい。漁民の息子二人が湖岸で舟遊びをしていて、このにわか雨にやられて舟が転覆し、二人とも溺死したということを翌朝知った。早朝、宿舎の前で女の人が大声で泣きわめき、夫らしい人がなぐさめていた。何事かと思って聞いてみて、彼女の息子二人が溺死したことを知った。これも草原の人の悲劇ではなかったろうか。水に親しい森林の人なら二人とも死ぬということはなかったのではなかろうか。

翌朝、マイクロバスで一夜をすごした一行はすぐに見つかった。夜、さんざん探しても見つからなかったが、漁村のすぐ上の台地まで来ていたのだった。

カナディアン・ロッキーにて

一九八八年の八月、妻や子供たちの希望を入れ、正味一〇日ほどカナディアン・ロッキーへ遊びに行った。単なる遊覧で、科学的調査ではない。幸い京都大学で私の教室出身者の兄さんが、バンクーバーで手広く商売をしているので、その人に頼んで、ジャスパーとバンフに民宿をとり、自前の計画で方々を見て回った。前にも触れたが、一〇年ほど前に、アメリカで、太平洋岸北西海岸のオレゴン州でコースト・レンジと、カスケード山中に二カ月を過ごし、針葉樹林の生産力調査をしているので、森林の状態はその延長線上のやや北部に位置することで、おそらくオレゴンと組成樹種は同じだろう。しかし樹木の高さはかなり低くなっているだろうと想像していたのだが、それは大体当っていた。枝の短い針のような樹形のモミやトウヒの大小の樹群が、氷河跡のU字渓谷の堆積土からなるゆるやかな斜面をおおい、その上に岩壁がそそり立つ景観は見事だ。さらにこの山脈には雪線を超える三千数百メートル前後の峰が連らなっているので、高い山には大小の氷河がかかり、やや低い山には点々と万年雪の雪渓や雪田を残しているのが、大変魅力のある景観を形成している。スイスアルプスに似ていると言えば似てはいるが、アルプスは標高がさらに千メートル以上高いので、氷河の発達はロッキ

カナダの亜高山帯の針葉樹の樹形

カナダ西部の氷河湖と森林

ーよりはるかに大きくかつ長い。森林は大体同様だが、針のような樹冠を持つ亜高山帯針葉樹はロッキーなど、北アメリカ太平洋岸山地独特のものと思える。

ロッキーで最も印象に残ったのは、こうした景観ではなく、野生動物が人を恐れず、観光客の多い道路のそばまで、平気で出てくることだった。私たちより二年ほど前にロッキーへ行った義妹はクマにも出遇ったと言っていたが、バンフの本屋で買った子供用の『ロッキーの動物』という本に出てくる主な動物のうちクマに出遇わなかっただけであった。山頂近い岩場に棲むリスの類、草原に穴を掘って棲むマーモットの類はどこへ行ってもいたし、人が近づいても逃げなかった。リスには子供がヒマワリの種なんかを与えていたが、シカの類や野生の羊には誰も餌を与えるものはなく、群をつくって自動車道の側で草を食んでいた。短日時なのに毎日いろいろな大小の動物に出遇えるのは楽しみだ。日本の山は随分歩いたが、野生動物にはめったに遇わない。山歩きを始めてもう六〇年を超えるが、記憶をたどってみると、クマに一度、カモシカに数度、キツネに直ぐ近くで出遇ったのは僅かに一度、サルやリスやイタチにはよく遇うが、イタチは私の住んでいる裏庭でよく遊んでいる。ともかく、著しく野生動物に巡り会える機会の少ないのは日本だろう。

狩猟民族と農耕民族との差の表れだと断定するのは、早計に失するかもしれないが、どうもそんな気がしてならない。狩猟民族にとっては野生動物はゲームとしての重要度に差があるとしても、食糧としての強いつながりがあり、その点では大切にしなければならない生物だが、農耕民にとっては、作物を荒らす敵であり、害獣、害虫などと呼び、加害者—被害者の関係という意識が強い。少なくとも出遇えば追い払う習慣が生まれながらについている。

わが国の東北地方では、西南日本から始まった農耕文化以前の縄文時代は、いまだ狩猟・採集時代であったにもかかわらず、河沿いの台地などに集落が形成され、縄文土器で代表されるような華麗な文化が生まれていたと言われる。この時代の狩猟民の文化の流れをくむ一般に「マタギ」と言われる狩人たちは動物を大切にし、決して現状の生息密度を甚だしく低下させるような狩はしないようだ。クマなどが春先冬眠からめざめた頭数を谷々で数えていて、この谷には大体何頭入っていると答えることができ、射殺する頭数はその一割というのを永い経験から決めている。一割以内なら、生息頭数

カナダ西部の亜高山帯の森林

は減らないらしい。山形の小国で聞いたのも、石川県の白峰で聞いたのも、大体捕獲数は生息推定頭数の一割だった。

それが西南部の四国や九州では守られていなかったらしく、これらの地方のクマは絶滅の危機に瀕している。

しかし農耕民でも以前は殺生はしなかった。これは信仰がからんでの話だと思えるが、鳥を追う、鳴子やカガシは古くからあり、虫追いの祭りもあったが、現代のように、加害者は殺せという無慈悲な所作はなかったらしい。積極的な殺虫剤などというものがあらわれ、皆殺し戦術に変わったのは、科学を信じ、信仰を軽んじた結果だろう。日本の自然保護の中心は、森林等の植生保護であって、そこに生息する動物に関しては、ほとんど規制がない。旧京都市の北部に深泥が池という水生植物が中心の天然記念物があるが、先年ようやく、記念物の対象に水生動物群集も加えて、名称を変更し、植物の保護からすべての生物の保護へ移行した。

植生研究者にはそこに棲む動物への関心が意外にうすく、反対に動物生態研究者間には最近植生への関心が高まっている。これは生物の食物連鎖の観点に立って野生動物を考えると、どうしてもその基盤になる植物を考慮に入れなければならないからだろう。

現代の日本のハンターは、総勢四〇万人とも五〇万人とも言われ、狩猟人口はかなりの数になるが、ごく最近まで、彼らは相手がたの野生鳥獣の生息密度の調査は環境庁まかせで、全く意に介せず、撃ちまくっていた。これでは主な対象になるキジ、ヤマドリ、カモの類、さらにシカ、イノシシなどはたまったものではない。私も、生息密度はハンター自ら調査し、補殺を自ら規制すべきだと猟友会の会長に要望した。最近になって、猟友会も自ら主要狩猟動物についてセンサスをやるようになったが、マタギなどは古くからこれを実行していたのだ。

こんなこともあれこれ考えると、古くから生業にしていた、狩と農耕のしきたりの違いが、保護の面で近代にまで根強く残っているのかもしれない。

また大変興味があった事実は、私たちが先頃ヨーロッパと日本の自然観、森林観がどう違うかのアンケート調査で分かったことだが、狩猟民であるドイツやフランスでも、狩猟をよいスポーツだとは決して考えていないことだ。良いスポーツと答えた人の率はかなり低かった。ただ、今でも狩猟を生業にし、遊牧をしているフィンランド北部の都市だけが、狩猟を良いスポーツとする率が著しく高かったのは当然かもしれない。ドイツの林業はそれぞれの王侯が、自分の狩場の森林を整備することから始まったという。しかし、昔から狩はハイクラスの人々のスポーツであったから、一般人にはそれほど良くは思われていなかったのかもしれない。

環境庁に鳥獣保護課があり、保護ばかりでなく狩猟のことも管理しているが、以前は林野庁の所管だったことから、今でも林野庁の職員が課長として出向している。林野庁に鳥獣保護課のあった時代には、有害鳥獣の捕殺のほうに重点が置かれていたように思われる。現在は私もあまり関係がないので、どうなったかは知らないが、私が審議員をしていた一九七〇年頃を思い出すと、環境庁に移ってからも、どうしても有害鳥獣の駆除が先に立つようだった。言い換えると、農林業の保護が優先するという考え方から抜け出せないように思えた。出向して来た課長が何年かたって、野生鳥獣の保護を重点的に考えるようになった頃には、また元の古巣へ帰り、有害鳥獣駆除を考える新人が課長として来るという具合で、なかなか環境庁の一課として活動するようにならないのだった。

現在でも、農林業に関係する人の中には、個人の仕事が優先し、公共財としての鳥獣の被害を大目に見ようとする人は少ない。これはいろいろのことが関係していると思うが、都市にしろ、農村にしろ、まだ公共のために個人は時と場合により、ある程度はがまんすべきだという考え方が確立していない上に、法律上も動物はすべて無主物で、存在しても所属不明なものになっていることも災いしていると思う。その結果、動物は有害時のみ問題化し、他の場合は全く無視されてしまっていることになる。

フィンランドの森林

ヨーロッパの人々と日本人の森林観の違いのアンケート調査がこのところ一〇年近くかかって各地で行なわれたが、その一連の調査地の一つとして、フィンランドが選ばれた。私も関係していたので、学長在職中でなかなか大学をはなれられなかったが、やっと一週間ほど休暇をもらって、初秋の頃同国へ渡った。おりよく東京―ヘルシンキ直行便が開設されたこともあって、世界最長という航空路を北極を横切るコースで飛んだ。燃料は予備タンクまで備えてあるから安心ですと言うが、無着陸で一気に飛ぶのだから、かなり疲れた。この調査でフィンエアにはかなりの人数の調査員が搭乗したからというので、私たち夫婦は航空会社がファーストクラスを無料サービスしてくれ、機中でいたれりつくせりのもてなしをうけた。帰路は成田に着陸直前花束やおみやげまでもらったものである。

ヘルシンキから南北縦断の旅

わずかの日数でこの国の森林のすべてを理解するのは無理だから、ともかく最南部のヘルシンキから最北部のイナリ湖畔までを南北に縦断する旅をすることになった。つまり北緯六〇度あたりから七〇度近くまでの一〇度の間をざっと見ようというのだ。東部のソ連に近いほうは細長い氷河に由来する湖水が多数集まっているようで、観光地としては見ごたえがあるようだが、時間の都合がつかないので、西側のスウェーデンに近いボスニア湾沿いに北上することにした。

この国は飛行機と道路が良く発達しているので、途中までは飛行機、あとはバスで走る。

北部の三分の一ほどは北極圏に入っているが、山らしい山のない、すべてが氷河期に厚い氷の下になって削りとられたゆるやかな波状地形からなっているため、現在では夏まで雪のたまっているような地形はないが、その代わりにゆるやかに流れる谷の下流部はどこでも泥炭地になっている。それでも道路をつけるのは、日本のような起伏量の多い国から見ると、いとも簡単だろう。ブルドーザーで押して行けば、それだけで道になりそうで、法面《のりめん》を掘り取ったりする苦労はほとんどない。湿地を盛り土するのが最も労力を要する仕事と言えそうで、日本の道路の三分の一ほどの経費があれば、時速一〇〇キロで走れる道はすぐにできるのではないかと思われた。北部はラップ人の住むラップランドと言われる地域だが、私たち素人には適確にラップ人を指摘することはむずかしい。バス道もよいし、走っている定期バスも新しい型の車で乗心地はすこぶる良い。

フィンランド北部のマツとカンバの森

北部の小さな町には、小ぎれいな平屋建の丸太小屋風のホテルがあって、これまた静かで居心地が良い。平家建だから幾棟もあり、ヨーロッパアカマツの疎林の中にゆったりと配置されている。中央に事務所や食堂等のある建物があるが、その玄関に国旗用のポールが何本も立っていて、その日の来客の国の旗が次々と掲揚される。私たちが泊ったホテルにも日の丸の旗が高々と掲げられた。

秋の盛りのラップランドへ

私たちが行ったのは九月初めだったが、ラップランドでは秋の盛りで、黄紅葉が実にきれいだった。フィンランドの人々は日本人の国内観光客に似ていて、バスをチャーターして、ラップランドへ秋色をめでに来る団体が多い。彼らは夕食がすむと食堂の机、椅子を片付けてしまって、村の人々とおそくまでダンスに興じる。昼間は一面にコケモモでおおわれた疎林で、その実を狩ったりするらしい。ラップランドへ入ると、ホテルの食堂のメニューにトナカイの肉料理が目立つ。多少臭気があるがまずい肉ではなく、コケモモの実とあわせて食べると、ラップランドらしい気がするので、私は努めてトナカイの肉をとった。昨年(一九八八年)カナダのロッキーの料理にもトナカイがあったが、場所が違うと食べる気にならなかった。

ラップ人とトナカイの関係が強く脳裏にこびり付いていたのかもしれない。南から北へ旅行しているうちに気がついたのだが、南ではある程度英語が通じるが、北へ行くとドイツ語のほうが通じやすい。おそらく第二次大戦でドイツ軍がノルウェーから侵入して来たことと関係があるのだろう。しかしフィンランド語は独特で、ヨーロッパの何語とも共通点がない。町の看板を見ても、意味の推察できる文字がない点も興味がそそられた。

さて、森林についてであるが、フィンランドは統計によると、森林率が世界最大であって、総面積の六九％が森林で、日本も森林率の高い国で六七％になっているが、それより二％も多いことになっている。人口一人当りの森林面積はフィンランドが四・八ヘクタール、日本が〇・二一ヘクタールだから二〇倍以上の開きがある。

フィンランド北部の森林

国土面積はフィンランドが三三万七〇三〇平方キロメートルで、日本が三七万七七八〇平方キロメートルであまり差がないから、一人当りの森林面積が甚だしく違うのは、フィンランドの人口がそれだけ少ないことを示していると言える。私のフィンランドの森林についての予備知識はこれぐらいのものだった。

疎林も森林面積に入るフィンランド中部以北

ところが現地を見て驚いたのは、私たちが森林らしい森林と思われるものは、南部のヘルシンキ付近の一部だけであって、少なくとも中部以北は、ヨーロッパアカマツとカンバの混生した疎林なのだ。

フィンランド北部のカンバの森。疎林だがフィンランドでは森林面積に入っている。

その上便利な所は少なくとも一度伐られた二次林だということが分かる。伐株のマツの年輪を見ると年々の半径での生長は一ミリ以下だから、直径二〇センチで一〇〇年以上たっている。

いわゆるラップランドは私たちが了解している森林の部類には入らない。疎林で、下層植生の主なものはコケモモの類である。樹高も低く一〇メートルを超えるものは少ない。トナカイの放牧には好都合でも、森林生産の主体の木材生産となると、おそらく収穫量は問題にならないほど少ないだろうし、期待できるような太さの木材はこの国の北半分では著しく少ないだろう。先に二次林と書いたが、原生林と考えられるような老木は疎林の中でもきわめて少数だ。このことはマツの樹冠を見るとよく分かる。老齢の樹は樹冠の形が鋭くなく、丸味を帯びているが、老齢の外見で判断できる樹がほんの僅かしかなく、大部分は若い樹冠の鋭くとがった個体だ。バスで走ると疎林にはサルオガセやトナカイの好むハナゴケも多く見られる。そうすると、国土の七〇%に近い、いわゆる森林がはたしてどこに存在するのだろうか、はなはだ疑問に思えてくる。これは後日東京でフィンランドにおける調査結果について報告会を開いた際、たまたま来日していた同国の森林官に聞いて、やっと納得できたのだが、同国では森林と認定する基準が、わが国のそれと著しく異なるのだ。たとえば日本では、人工造林をするかしないかを決める際の基準として、年平均林分生長の期待値がヘクタール当り五立方メートル以上になることを目安として採用しているが、フィンランドでは年林分生長一立方メートル以上あれば森林として認めるという。さらに極端な考え方では〇・一立方メートルでも森林に入れてよいとも言う。これが上記の森林官の答えだった。わが国ならこんな程度の年平均生長でははなはだしい不良造林地であって、そんな生長のわるい所まで植栽することは考えられないことなのだ。私自身の考え方では、営林局の期待している年平均林分生長では、なお低く、少なくとも七―八立方メートル、欲を言えば一〇立方メートル以上の生長がなければ、人工植栽をしては損だと思っている。

森林の定義と基準

私は以前森林とは何かという定義について論じたことがある。その結果を簡単に記すと、――ある限度以上の樹高のある高木が、ある限度以上の本数密度で、ある限度以上の広さの土地を占有している場合、私たちは森林と見なすということだ。ここに記した三条件とも適確に数字をあげることはできない。すべて森林に接している人間の自らの判定にゆだねられているすこぶる曖昧な不確定なものなのだ。しかしおおよそ納得できる数字を示すことができるものもある。たとえば平均の樹高は、定義されている場合がある。最初にアルプスの森林で調査され報告された森林限界を定義した樹高がそれだ。アルプスの森林限界を決めるには、目安になる要因に森林の樹高がある。この場合平均樹高五メートルとされた。樹高五メートルがどこの森林の限界にされたかは、はっきりしないが、樹高五メートル程度の樹では、枝葉のある部分すなわち樹冠部は全体の六〇%ほどになる。そうすると、下部の幹だけの部分が二メートルで、かろうじて樹冠にふれることなく、樹群のなかへ入れるわけだ。言い換えると、森林というのは林内を歩ける高さだけ、林内下部にすき間があるということになる。それ以下の低い樹群は低木林で、人は枝葉を掻き分けないと内を歩けないことになり、これでは容易に林内へ入れなくなる。要するに人の丈を標準にして森林の平均樹高は考えられているのだ。

林分密度は、それぞれの個体の樹冠が互いにふれあうほどすき間なくあれば理想的だが、そんなことはまれで、あちこちにかなりのすき間ができる。そんな所を林孔と呼んでいるが、林孔には下層の低木層が発達したり、稚樹群が発生したりするだろう。広がりについては一層厳密な規定はできない。フィンランドで森林と認めているものは、樹高は数メートル以上あるとしても、密度がわれわれの常識よりかなり少ない疎林まで入れているらしい。そうしないと私の視た限りでは国総面積の六九%が森林ということを認めるわけにはいかないと思われる。つまりトナカイの放牧に都合の良い北部のマツとカンバの疎林が森林面積に入っているのだ。

さらに森林からの木材生産量を見ると（一九八五年のFAOの林産物年報による）、フィンランドの用材合計三八、七〇七（千立方メートル）、薪炭材合計三、〇七五（同上）、総計四一、七八二（同上）であり、わが国の用材合計三四、〇九三（千立方メートル）、薪炭材合計五二一（同上）、総計三四、六一四（同上）よりかなり多い。森林面積が日本より少ない上に生長量が少ないのに、木材生産量が多いのだから、かなり無理をして伐っているとしか思えない。東京で会った前記のフィンランドの森林官に、あなたの国の森林は過伐ではないか、と尋ねたところ、彼はそれはよいことを伺った、帰ってよく調べてみようと言っていた。

最近北欧家具として、アカマツ材の節だらけの小幅の板や角材で寄木造りにした椅子や卓が日本でも市販されているし、この節だらけのマツ材を写したプリント合板まで出ているが、このような家具を製作輸出しているのは主にフィンランドなのである。同国は衣料や家具等のデザインで優れた特質を持っているので、こうした新しいデザインの家具を輸出して好評を得ているわけだが、過伐であれば、今後同国の森林管理はすこぶる困難になるだろう。いずれにしても概念的に森林と言われるものが、世界の国々でまちまちであるとすると、統計上森林面積がどれほどあると言っても、全く当てにならないことになる。

フィンランド北部のマツとカンバの疎林は私たち温帯に生活しているものにとっては、全く見なれない珍しい風景で、木材生産などの林業的見地を除外して旅行すれば、森と湖の国で売っている同国にとっては、よい観光資源だろう。さらに今回の森林観のアンケート調査で、狩猟をよいスポーツだとする人が圧倒的に多かったのは、フィンランド北部の疎林地帯がヨーロッパではじめてだった。ドイツ、フランス等も住民は家畜を飼い、狩猟をしていた人々であるが、狩猟を好ましいスポーツだと考える人は決してそう多くはなかった。このことは、フィンランド北部が疎林地帯で、トナカイをはじめいろいろな哺乳類のゲームにきわめて富んでいることを物語るものだろう。

極北地フィンランドやスカンジナビアになぜアカマツ林が広がるか

フィンランドはスカンジナビアのスウェーデン、ノルウェーと共に北部は北極圏に入る極北の地ではあるが、暖流の関係からか、予想外に暖く、試みに温量示数を『理科年表』の平均温度から求めてみよう。一般にわが国では温量示数八五―四五は冷温帯の落葉広葉樹林地帯、四五―一五は亜寒帯の常緑針葉樹林地帯に相当しているといわれるので、この数値を元にしてフィンランドおよびその周辺の気候帯を求めたが、北極圏に入るとされている北部でも亜寒帯の上限より温量示数が大で、南部地域は冷温帯に入っていることを示している。事実南部には、冷温帯林の極相を示すブナ林もあるが、ここで私が問題にしたいのは、亜寒帯林地帯の森林の組成樹種だ。北半球の亜寒帯林は北アメリカでもわが国でも極相林としてはモミ属にトウヒ属が混生するような耐陰度の高い針葉樹種からなる森林が多い。それに対し、フィンランドやスカンジナビアではモミ属の森林ではなくトウヒ属の森林が亜寒帯林の南部から冷温帯林の北部にかけて分布しているが、亜寒帯林の北部までは侵入し得ず、その代わりにアカマツ林が出現し、それにカンバが混生し、北上するほど次第に疎林化してくることである。これと同様のことはスイスアルプスの垂直方向での亜高山帯林の分布でも認められる。

先年二度目にスイスを訪れた際、私はもう一度マッターホルンのきれいな姿が見たくなって、ツェルマットに泊り、翌日ザイルバーンで、マッターホルンの直下まで登り、おりからの快晴にめぐまれて、まだかなり深い雪におおわれたアルプを歩きまわり、終日あかずにあの特徴のある山容を眺めてすごしたが、帰路森林限界のあたりをくわしく視ようと徒歩で町まで下った。このあたりの森林限界の主林木はカラマツだった。それに五葉松のセンブラマツが混生している。トウヒが出てくるのは、森林限界から大分下りてからだった。現在まで多くの教科書には、ヨーロッパのモミ、トウヒは亜高山帯樹種として記載されているが、ヨーロッパでモミ、トウヒなどの常緑針葉樹林の分布を見ると、トウヒは冷温帯林上部から亜高山帯林下部にわたって分布しているが、モミ林はむしろ冷温帯林の代表的落葉広葉樹林であるブナ、ナラ林地帯に主な分布があり、亜高山帯には分布していないらしい。ライン河をはさんで、ドイツの有名なシュワルツワルトに対峙するボージュの山群へはひと谷越えただけだが、トウヒが全くと言ってよいほど分布していないで、モミがブナ林と混じりあっている。その上このあたりでは屈指の多雪地のため、山頂近くはブナの低木林が森林限界になり、上部の草原に続いている。

この状態は山形県下の鳥海、月山、朝日山系の多雪地で私が主張している偽高山帯とそっくりだ。ボージュでもモミ林の分布は亜高山帯林ではなく、冷温帯林だから、わが国と対比するとウラジロモミ林と同位種の森林と考えるほうが妥当だろう。スイスアルプスで、上部のアルプと一線を画す森林限界の森林が耐陰度の低い陽性のカラマツ林からなることは、ヨーロッパには亜高山帯林を構成する、極相樹種のモミ、トウヒ属が欠けていると考えたほうが良いと思う。言い換えると亜高山帯林に属するニッチェはあるが、そこに成立するはずの極相林樹種が欠けているわけだ。そこで陽性のカラマツがそのニッチェを埋めることになったと考えると、現状がよく分かる。スイスアルプスでも場所によりトウヒ林が森林限界をつくっている個所もあるが、そこはアルプでの家畜の放牧が永く続いた結果、次第にアルプが拡張して森林限界が押し下げられたような場所だ。二年前に行ったスイスの国際的なスキー場のダボス付近ではトウヒ林が森林限界になっていたが、押し下げられ草原化した地帯がナダレの発生地点になっているので、その森林の再生に腐心していた。

亜高山帯特有の耐陰度の高いモミ、トウヒ属が失われたのは、おそらく氷河期であろう。同様のことは北極圏に近い国々でも生じていて、スカンジナビアやフィンランドの北部では亜寒帯を埋める極相林の耐陰度の高い樹種が存在しない。結果として残ったニッチェをヨーロッパアカマツが埋めていると言ってよい。アカマツは決して亜寒帯固有の樹種ではないと考えられる。フィンランドでもスカンジナビアでも南部地方にはトウヒの森林が立派に存在するが、北部はやはりアカマツ林で、その移行地帯では、砂礫地はアカマツ、シルトの多い個所は局地的にトウヒとすみ分けているのが見られる。島国のイングランドには後氷河期、気候が回復して、トウヒなどの針葉樹林が成立し得るようになっても、ドーバー海峡がさまたげになって天然分布し得なかったと言われている。現在では大陸から人為的にトウヒが導入され、北米大陸からも太平洋側のダグラスファーをはじめ種々なモミ、トウヒ類が導入され、成林しているものも多いが、天然分布している常緑針葉樹はアカマツの他イチイとネズミサシ（ジュニパー）しかない。高林になっているのは、全島アカマツ林だけだ。スコットランドは、フィンランドと同様に現在はいわゆるヘザーランドのヒース（ツツジ科の極小低木）からなるマット状の原野になっていて、カンバ林とジュニパーが侵入しているにすぎないが、これは羊の過放牧で生じたもので、囲いをして羊の食害を防止するだけで、マツ林が回復してくる。現在ではポドソル化した土壌をブルドーザーで天地がえして、土壌を改良し、マツの人工植栽をしている。またスカンジナビア南部の天然トウヒ林の成立は後氷河期に大陸と陸続きのフィンランドへ大陸から侵入したものが、沿海の暖かい地域を北上し、スウェーデンを南下したもので、直接海を渡ったのではないと、いわれている。

後氷河期には翼のある種子を産するものは風にのり離島へ分布したし、種子が鳥に喰われるものは腸内に貯えられて島に渡り糞によって分布できたし、海流に乗って流れ着いても、殻が厚く、海水に容易におかされないものは漂着して分布することができたが、そのいずれでも運ばれがたいトウヒなどは海を隔てると天然分布はむずかしかったらしい。その上亜寒帯林の極相となる耐陰度の高い、モミ、トウヒ属が、氷河期に滅亡したとすると、亜寒帯や亜高山帯の主要林木がヨーロッパでは欠けてしまい、現代の気候では少なくとも、亜寒帯北部のニッチェを埋める樹種がないことになり、アカマツ林が極北の森林限界まで森林を造らざるを得なくなったのではなかろうか。

森林面積率が世界でも最大の位置にあるフィンランドの現存する森林は、こういった目で今後は見なくてはならないだろう。

前記したフィンランドでの「森林」の定義と、亜寒帯林北部を埋めるアカマツは、フィンランドの森林を語る時忘れてはならないことがらであり、世界という規模で森林を論じる場合には、よく注意しなければならないことがらだろう。

II

森林・生態学・林業

森林と林業を考える

最近の日本林業のあらまし

一九九三年、私は二冊の著書を出版した。一冊は『森林に学ぶ』で、エッセイを編集してもらったもの、他の一冊は『言い残したい森の話』という題名で、私が日頃森林や林業、林学について考えていることを書き上げたものだ。両書とも近頃言われている、林学や林業の危機感を私も同様に痛切に体得した上で、私の考え方を記したものと言ってもよいだろう。林学も林業もたしかに現在一つの大きな曲がり角に到達していることは確かだ。第二次大戦前は林学も林業もあまり世人の目を引くような学問でもなかったし、産業でもなかった。林業の大きな目的の一つである木材生産だけをとっても、戦前はほとんど国内産の木材で国内の需要がまかなわれていた。しかもその総量は、わが国の森林の年々の生長量を上回るほどの大量なものではなかった。関東大震災直後の何年かは、国内の木材価格が異常に高騰したため、米材が一時大量に流入したこともあったが、数年後には平常にもどり、木材価格もこの時以外は、著しく高い水準にはならなかった。こんなことから、林業の主産物の木材がわが国の経済上注目されることはほとんどなかったと言ってよい。いわば平穏無事な状態で経過してきたと言ってよいだろう。現在林業家と言われる人たちは、その頃は「山持ち」とか資産家とか言われ、企業家ではなく、山林という財産の保有者だった。まさかの用意に山すなわち森林を持っていると、家計が万一不如意になった場合、山の木を売るか、森林そのものを売れば、その場がしのげるという安心感から山林を保有していたのだ。ところがこの事情が一変したのは、第二次大戦末期から戦後にかけてのことだった。戦時中には大量の木材が軍需用材として供出された。それが末期になるほど著しくなり、木材がその頃の経済の一端を担うひと役を務めることとなり、敗戦後は軍需用材の代わりに復興用材としてますます需要が大きくなり、それにつれて木材価格も高騰して、供給を刺激することになった。また当時は燃料としての木材、木炭の需要も用材の木材と同様に著しく増大した。特に家庭用熱源としては、当時は木材、木炭にたよる以外にはなかったのだ。

わが国の木炭の生産量は敗戦前後の時期に最大量に達したが、その直後、平和の時期が到来して、いわゆる石油、石炭等の化石燃料の輸入が盛んになり、石油、石炭、電気へと熱源が革命的に大変動したため、木炭の使用量は急激に低下してしまったが、用材としての木材の需要は上昇を続けて留まるところがなかった。この結果、林学、林業ともに隆盛を極めることになったのだが、市場経済を尊重するあまり、これからの木材は、質より量があればよい、材質は今後木材物理学や木材化学の発達でいくらでも変えることができるだろうと考えるようになった。その結果として、森林はもっと低伐期で伐り出すべきだということになり、戦前の人工造林地は少なくとも七、八〇年から一〇〇年前後たってから伐られていたのが、三、四〇年から五、六〇年で伐り出すことに大きく変わった。この理由はその頃に森林としての生産が最大に達するから、それ以上永くおくと経済的に損だということだ。しかし、伐期が下げられると、大径木は望めない。せいぜい、胸高直径二〇センチほどの小丸太しか生産できないことになる。こんな質の悪い材でも、加工工程で、薄板にひいて積層材を造るなどの方法で大型の木材は製造可能だから、量の産出を主目的とすればよいといった主張が主流を占めた。そしてこういった低伐期の人工林が、国・民有林を通じて広く全国的に広がっていった。もっとも民有林にはもともと低伐期林がかなり多かったが、大戦後はさらに多くなり、長伐期を採っていた国有林も伐期を著しく低下させてしまった。さらに経済性を重要視するあまり、一伐区当りの面積がひと頃一〇ヘクタールを超える広大なものが増加したが、これは豪雨災害などの災害を助長する恐れが多いため、五ヘクタール以下に留め、普通は二ヘクタールぐらいの小面積とし、連続して伐採をしないようにする規定ができた。しかし政府は従来の民有林のように森林を財産的に保有することをきらい、経済的林業を奨励したため、皆伐人工造林地が従前より著しく多くなった。その上、人工造林地面積を増加させるため、「拡大造林」と称して、奥地の未開発であった原生林に近い天然林の伐採、人工林化や、里山の主として薪炭の生産に利用されていた「低林」といわれる、伐根から萌芽する新しい芽生えを利用して、森林を再生する二次林地帯をも人工造林地化することを推進した。こうした低林地帯の萌芽林は、はるか以前から成立していたもので、村や町の薪炭の供給林として長らく施業が続けられ、村人の主な現金収入の場になっていたのであった。しかもこの種の森林は、比較的安定していて、村や町の災害防止にも役立ち、鳥獣の棲みかとしても、かなり有効にはたらいていたものだったが、前に触れたように、大戦後家庭燃料としての薪炭は、革命的に化石燃料へ移行してしまい、低林地一帯は無用の存在に変わってしまった。

さらにこうした里山の低林地帯は、その裾に広がる農地への肥料の供給源でもあった。里山の下木や落葉、枯枝等は年々採取されて、カマドやイロリで木灰になり、堆肥にもなって、農地のカリ肥料、窒素肥料の供給源となっていたが、この面も化学肥料の発達により、次第に使用されなくなってしまった。そのため里山は山村民から見はなされ、放置されて、所有者であった農民からも見捨てられてしまったと言ってよいだろう。

それを林業上活用する意味で、用材林への転換のための人工林化が進められたのはもっとものことだったが、スギ、ヒノキ等の限られた数種の有用針葉樹種が用いられて造成される単純、同齢、一斉な人工造林地化すると、里山は、豪雨災害などの気象災害に著しく弱くなってしまう。一般に針葉樹は浅根性で、杭根（ゴボウ根）が発達せず、根系が浅い土層に密に発達するため、地すべり、山崩れにきわめて抵抗が弱く、豪雨時には一挙に広い面積が崩壊することが、広葉樹林よりかなり多いようだ。近年わが国に頻発する一連続降雨一〇〇〇ミリメートル、一時間雨量一〇〇ミリメートルを超えるような大豪雨時には人工造林地は抵抗し得ず一挙に崩れ落ちてしまい、河川災害を助長する事例が多く、しばしば新聞紙上で問題になっている。

さらに里山は、それに続く平野部に都市が発達し、人口が増加すると、都市民にとっては、有力なレクリエーションの場になる。このような場合にも、秋の紅葉、春の花の多い従前の二次林のほうが、単純な針葉樹の人工造林地より、はるかに適していることから、市民の二次林保存の要望が高くなる。

またこうした市街地の発達してきた地域では、山裾の農地そのものまで住宅地化してしまい、里山の所有や施業が無意味なものになり、所有者が開発業者へ里山を売ってしまう事例が多くなってしまう。買い入れた業者は里山を開発して各種用途に変換しようとする。最も多い事例はゴルフ場の開発だ。私の住む京都でも、最近問題になったのは、大文字山、ポンポン山などの里山のゴルフ場建設だった。幸い市が禁止したり、買い上げたりしたので、事なくすんだが、今後も里山の低林地帯の開発はいろいろな面から頻発するだろう。都市近郊のこうした山地はすでにあらかた開発業者に買収されていることを注意しておきたい。

一方山間部の村落の里山は、戦争直後までは山村の収入の主要部分をまかなっていたと言ってよい。それは特に木炭の生産だった。特に東部や北部日本の山村の収入源だったし、西部でもたとえば池田炭や太平洋岸の特に紀州地方特産のウバメガシから造られる備長炭は、高価で良い収入源になっていた。しかしこれも化石燃料に追い払われて需要が激減し、山村の生活をおびやかすことになり、離村者を激増させ、山村の過疎化を促進させる原因になってしまった。この場合、里山の低林を人工造林化することが奨励されたとしても、人工林が伐られ金員収入化するまでには、かなりの年数がかかり、製炭のように、低伐期で小面積の森林から連年収入を得ることは不可能なので、山村民の離村をとどめることは不可能だったと言ってよいだろう。

京都・北山のスギ密植林

山村の過疎化阻止の努力は各方面で今も熱心に続けられてはいるが、いまだに良い対策は立てられていない。山村の過疎化は、そういった山村民個人の経済事情に強く影響するばかりではなく、山村に中心がおかれている林業全般への影響が著しく大きい。今までは山村民の労働力に頼っていた山地林業はそれを維持するのに必要な労働力の大部分を失ってしまうことになり、広く山地の森林の伐出労働力ばかりでなく、保育に必要な労働力にも事欠き、森林、特に人工造林地は手入れ不足となって、荒廃の一路をまっしぐらに進んでいるのが現状だろう。現在ちょっと山路をたどれば、下刈りが充分に行なわれていないで、クズなどのつるで覆われた新植地、除間伐の遅れたため高密度化し、細長な樹幹を持つスギやヒノキの造林地がいくらでも目につく。こうして好景気時代には、わが国の森林の人工造林化は著しく進展して、現在では林野庁は一〇〇〇万ヘクタールが人工造林地化していると言っている。

ここでもう一つ重要なことを書き忘れた。それは奥地森林の開発だ。わが国は多数の列島から成り立っている。特にその主要部をなす本州は、幅が狭く、その脊梁山脈は中部地方で三〇〇〇メートルを超え、その他の地方でも二〇〇〇メートルを超える高山が連なっている。他の列島は比較的幅は広いが、やはり二〇〇〇メートルを超える山脈が連なっているため、山地はどこへ行っても急峻だ。よく言われるように、その山地から流出する河川もいずれも急流、激流で、豪雨時にはしばしば洪水が出て山脚部や山腹が崩壊し浸食され、平野部に土石災害を起こしている。そのため奥地林は近年になるまで、いろいろな開発をこばんできたので、原生林またはこれに近い森林が、広い面積で残っていた。しかし大戦中に発達した土木機械は、この急峻な山地に容易に林道を開設できるようにしたと言ってよい。林道構築が機械力でやれるようになってから、全国的に奥地林道が開設され、今まで静かに眠っていた奥地の自然林は急速に開発されることになった。この圧力をもろに被ったのが、ブナ林だった。ブナ林は昭和初期から開発に着手されたが、大戦前は主として森林軌道や鉄道だった。小型のディーゼル機関車に率かれるトロッコでは軌道が狭かったから、軌道開設による山地の崩壊はそれほど甚だしいものではなかったが、戦後はもっぱらトラック道に変わったから路幅も二倍以上になり、山腹の破壊は著しく大きくなってしまった。しかも林道は一般道路よりかなり安価に開設されたので、切り取った土石は下部斜面へブルドーザーでつき落とすような手荒い方法が一般に行なわれた。このことは山腹を著しく破壊し、その後生じる切取面の崩壊も含めて、急峻な山地を甚だしく荒廃させる結果をもたらした。その上、高標高の奥地林の再生方法もまだ充分に確立されてもいないうちに、皆伐、人工更新法でほとんどすべてがやられてしまった。この結果ブナ林の皆伐跡には、北部では主にカラマツが植栽され、低標高の個所にだけ、スギやヒノキが植栽された。カラマツは陽性の種で、初期の成長が他の針葉樹に比べすこぶる良いので、短伐期林業には好適な樹種だと考えられたらしい。ところがカラマツは雪圧に甚だ弱い。ブナは耐雪性があり、ブナ林の多くは多雪地に分布しているため、ブナ材伐採跡地に植栽されたカラマツは、あらかた雪害にやられ、おそらく満足に生長している所はないのではないかと思っている。私は以前北陸山地で、ある製紙会社が広く植栽した広大なカラマツ人工林を頼まれて調査したことがあったが、そのほとんどすべてが、成林不能と判定するしかなかったことがある。

カラマツの造林は古くは長野、山梨両県下のカラマツ天然分布地周辺に限られていたが、近年北海道で推奨され、次に東北地方のブナ林伐採跡から北陸に普及した。北海道ではカラマツ先枯病がひと頃蔓延し、その造林は中止されたが、天然分布地の環境でわかるように、多雪地を避けて分布する樹種で、東北・北陸の豪雪地帯の人工造林はほとんど失敗したようだ。わが国の日本海岸は著しく多雪で、その上、このところ少なくとも十数年の周期で豪雪年が到来し、そのつど多大の被害を及ぼしている（私の知る範囲では、北陸で一九二七、四五、六三、八一年、すなわち約一八年周期で大雪が生じている）。結局ブナ林は年月が長くかかるにしても、ブナで天然更新するのが、最も良策なのだ。

奥地林分では、この他本州の亜高地帯林である、常緑針葉樹林のシラベ、アオモリトドマツで代表される森林にも林道が延び、大面積に伐採された例が方々にある。そのなかでも、中部山岳地帯の裏木曽で連年行なわれた皆伐は甚だしいものがあった。ここでも跡地にカラマツが広く植栽されたが、その成果は充分とは言えなかった。一望千里の皆伐跡地はどうなるかが心配だったが、幸い徐々にではあるが、シラベ類が天然で侵入しはじめ、元の森林に返る可能性が出始めている。

わが国でこうした天然更新を最も阻害するのは、わが国特有のササ類の繁茂だ。ササは生態学的に大別すると、多雪地に分布するチシマザサ（ネマガリダケ）やチマキザサと、少雪地から無雪地に分布するスズダケの類やミヤコザサ類だが、特に多雪地に分布するチシマザサは著しく更新のじゃまをする。この種のササが密生すると、その密生地へは他の稚樹はほとんど侵入できない。天然の森林があると、この種のササもそれほど密生することはないが、皆伐跡地になると、足の踏み入れようのないほどの密生地に変わってしまう。先年ドイツのライン河沿いの針葉樹林や広葉樹林を視察した際、そこの林野長官で日本の森林もよく知っている人に、「ドイツの森林は天然更新がうまくいくのに、日本の森林で甚だ困難な理由をあなたはどう考えるか」と問うたところ、氏は言下に「それはササの存在だ」と答えた。それほどササは日本の森林の再生を阻害しているのだ。ササは何度か刈り払うと勢力が減じて密生しなくなるが、これには多大の労力がかかり、おいそれとやれるものではない。私は殺・除草剤の使用にはあまり賛成ではないが、ササだけは枯殺剤を使うしかないと思っている。木曽谷水源に広がる第二室戸台風による風害跡地には湿性ポドゾルという性質の悪い人工植栽不可能な特殊土壌が分布していて、良い更新の方法を見出せなかったが、ササの化学的枯殺を行なうことによって、天然更新の可能性が出て来た。

いささか脇道へそれたが、木材の伐出利用と拡大造林は人里に近い旧来の薪炭林に利用されていた低林地帯から、奥地の未開発林分にまで及び、前記したように規在一〇〇〇万ヘクタールの人工造林地を造成してしまったのだ。

しかしわが国の木材界の好況は木材価格の高騰を引き起こして、その好況は、近隣の国々からいわゆる「外材」を輸入するという方向へ動いていった。ロシア領のシベリアから主にカラマツ、北アメリカのカナダ、アメリカ所属の太平洋岸の針葉樹林地帯から主にツガ材、南洋諸国からラワン材(フタバガキ科の樹木)が大量に輸入されるようになり、ついに日本は自国産材の供給率が三〇%にも下がってしまった。日本産材よりこれらの国々から輸入される木材は安価で良質なため、日本産の主要材であるスギやヒノキ材の価格が低迷してしまったのだ。その上わが国は著しく工業が発達し、いわゆる先端技術の開発が進んだ結果、労賃が高騰して、林業労働者の賃金もこれにならって高価となってしまったので、伐出ばかりでなく植栽にたずさわる労働者の賃金も著しく高額になってしまった。さらに林業労働は機械化が進んだとは言っても、いまだに筋肉を多用する屋外労働が中心だから、危険も多く、青年たちの好む労働ではなくなってしまった。

以上が近年のわが国の林業界の大雑把な経過だ。さらに細部を知りたい方は、私の記した『日本の森林』(中公新書)や『森の生態学』(講談社ブルーバック)などを併せて読んでいただきたい。

いずれにせよ、わが国の林業も林学も規在大きな転換点に立っていることは明らかだ。

特に戦後の木材界の好景気により、林業の中でも造林に関係する分野で極端な考え方が主流を占めた時代がかなり長く続いたことは確かだ。それは造林の方法を人工造林だけと考え、林業の目的を木材生産一本にしぼってしまったことだと私は考えている。

造林とは森林を造成し、保育して維持することを指していて、森林を造るのは人手で苗木を林地に植えることだけを指しているのではない。天然更新と言われる、自然に林木にみのった種子が、自然に林地へ落ち、自然に芽生えた実生や切り株から萌芽した芽が自然に大きくなり一本の樹木として生長したものを育てて森林を造っても造林なので、決して人手で苗木を育てることだけを指しているのではない。さらに造林の目的は立派な森林を造ることで、その森林から木が伐り出されなければならないという必然性はないだろう。造り、保護保育された森林が風致林として取り扱われても、レクリエーション地として利用されても、水源保護の森林になってもよいわけであろう。

森林が多くの効用を持つことは、古くからどの林業書にも記されている。もちろん、直接効用、間接効用という分け方をすれば、直接森林を構成する材木を切って木材として用いる効用は直接効用であり、他の諸効用は間接となるだろう。しかし直接、間接という語句は、主、従ということにはならない。すでにドイツのある州では、森林造成の主目的から木材の産出をはずした所もあると言う。要は優れた森林を造成すれば、自ら木材は生産されるので、木材生産のためにだけ森林が造成されるものではないとしたほうが造林業の正しい道ではないかと私も考えている。

そうすれば、短伐期で森林を皆伐して、木材を生産しようというような考え方は本来出てこないはずだ。充分に成熟した最多の蓄積を維持するような立派な森林を造成していこうと考えると、その過程で自ら木材に生産されて然るべきだろう。要は林業や林学は木材生産という経済行為としては多分に割り切れない面のあることを認めなくてはならないのだ。

最近では、地球規模で大気中の二酸化炭素の年々の増加が明らかになり、大気中の二酸化炭素の増加は、地球に温室効果をもたらし、気温の上昇、温暖化が大きな問題になっている。これに対し緑色植物、特に森林は光合成により、大気中の炭素を吸収して有機物を作り、幹、枝、根などに長年月貯蔵する能力が大きく、大気中の二酸化炭素を減少させる有力な作用をしている。また森林から年々枯死して地表に落下する葉や小枝、さらに林内に生息する諸動物の遺体も炭素を含む有機物として共に林地に貯えられ、徐々に分解して再度二酸化炭素を大気中に放出し、無機塩類を地中にとどめるが、その間、腐植という形で地中に貯蔵される。立木と腐植の含有する炭素量は現在でも、大気中の二酸化炭素量の約二倍に達すると言う。いわば森林は大気の炭素含有量の緩衝帯だ。このためには、現在のような低蓄積の森林ではなく、可能な限り高蓄積で炭素の貯蔵量の多い森林の造成に務めなければならないだろう。

林業政策を大変換しなければならない時が今こそ到来したと言ってよいのではなかろうか。

日本林業の今後への対応

対応の仕方は多方面にわたるが、ここでは私が最も必要だと考えている二つの課題について私の意見を述べておこう。

その一つは自国産木材の価格の低迷であり、他の一つは林業労働者の老齢化と林業労働への青年の参加の意欲の問題だ。

国産材の価格低迷のこと

この主原因は良質の安い外材が輸入されるからだが、私は楽観的だ。それは近い将来、現在ほど外材が安価で多量には入って来なくなるだろうと考えられるからだ。

外材の輸入で日本材の価格に大きな影響を与えているのは、北アメリカの太平洋岸の針葉樹材だろう。私は合衆国太平洋岸北西部に約二カ月滞在して森林の生産力調査をしたし、カナディアンロッキーにはわずか二週間だが滞在した体験がある。もう二〇年も前の話だが、合衆国で太平洋西北海岸の森林の生産力の調査をした時の印象では、この地域の森林はかなり伐採が進んでいることだった。その上当時でも、丸太のままで日本へ輸出することは、地元の製材業者の仕事を圧迫し、奪うものとして、反対に立ち上がっていた。その後丸太輸出は次第に減って製材の輸出が多くなっているが、最近この地方を訪ねた林学者の話では、さらに伐採が進み、輸出の余力はかなり減少していると聞いている。カナダはなお余力があるとしても、近い将来には、従来のような大量輸出で、わが国の木材価格に強い影響を及ぼすことはなくなるのではなかろうか。

しかし私らが調査した、アメリカ太平洋岸北西部のツガとダグラスファー、あるいは、ツガにシトカスプルースの混生した森林は実に見事で、生長もきわめてよく、ツガはおおよそ胸高直径五〇センチメートル、樹高五〇メートル、シトカスプルースやダグラスファーはこのツガの林冠を少なくとも一〇メートル以上ぬけ出していて、直径一メートル、樹高六〇メートル以上にもなっている。その樹齢は約一〇〇年余だった。大部分の林分がこの時代の山火事跡に自然に更生したものだ。ところどころに残る原生的な森林では、伐倒していないので林齢は分からないが、直径二メートル、樹高八〇メートルという巨大なモミの林立した林分があった。ともかく、生長の良いのには驚くばかりだった。わが国の森林の数倍はあるだろう。

次に南洋材と言われるラワン類だが、これはフタバガキ科の樹木で、多くの樹種が入っている。わが国が対象にしているのはフィリピン、マレーシア、ボルネオ（カリマンタン）、ジャワなどの熱帯雨林産だ。この類の大径木は熱帯雨林の中にそれほど多くふくまれているのではない。せいぜいヘクタール当り数本が限度だ。一般に超優勢木（エマーゼントトゥリー）と言われ、長々と林冠層をとびぬけた大木がある。それを選んで伐採し、集材するのだから、大量に伐るとたちまち広大な雨林が加害される。これは皆伐ではなく抜き伐りだが、大木をうまく伐り倒すため、まわりのじゃまな中小径木はあらかじめ伐り除かれたり、運び出すための作業道が本線から造成されたりして、広い面積が荒廃してしまう。

熱帯雨林の開発は林内に住む原住民の反対ばかりでなく、世界各国の有識者の反対が近年急速に強くなり、当事者の国も伐採を禁止したり、制限したりしはじめている。熱帯雨林は気候条件から言って光合成の最多地域であって、大気中の二酸化炭素の木材としての有機物化も地球上で最も多く、それのほとんどが材木に保有されているため、この森林の破壊制限は、地球規模での温暖化防止に最も強く作用しているから、破壊を極力差し止めようという運動が起こっているのだ。その上、熱帯雨林は再生力が弱く、一度破壊されると、容易に元の姿にはもどらない。このことのくわしいことはまた別の機会があれば述べたいと思う。さらに現実には、ラワン類の伐採による破壊だけではなく、ひとたび伐採搬出用のトレーラー道が雨林地帯に入ると、焼畑農民が次々と入って来て、伐採跡の残り木を処理して火を入れ焼畑にしてしまう。その跡地は土地がやせてしまい、カヤが生えるばかりの荒廃地になり、再び森林には還らなくなってしまう。

こうしたことから熱帯雨林の開発は、遠からず、多くとも輸出するほどの木材は出せなくなるだろう。わが国でもラワン材を多用しているコンクリート工事の型枠などでは、禁止する府県が増えはじめている。この点から、南洋材の日本産木材生産への圧力は早晩うんと小さくなるのではなかろうか。その他シベリアからのカラマツ材やニュージーランドからのマツ材の輸入はそれほど問題にはならない量だろう。

おそらく近い将来、日本産材は次第にその価値が見直されるものと私は楽観している。そのためには、現行の短伐期林業をやめて、もっと長伐期の大径、優良材生産をわが国林業界はめざすべきではなかろうか。

林業労働者の獲得

前記したように、現在林業労働に従事する人の数は甚だしく減少し、老齢化が進んでいる。

これは広く日本全体で認められる事柄であろう。その原因はいろいろあるだろうが、林業労働が、現在の他の産業の労働より、労力を必要とし、危険を伴い、泥だらけになる、きたない仕事だから青年が率先して参加しようとはしないのだ。そのうえ主に山村の住民の労力に依存していた林業では山村の過疎化により青年を中心とした人的資源が激減しつつあり、また都会の労働力からは容易に林業労働者が得られないからだろう。最近都会の生活にあきた青年の中には山村へのいわゆるUターン組も徐々に増加しているとも言われるが、どこへ行っても山村には老人の姿が目につき、青年の姿はほとんど見られないようで、このところ林業労働者の減少と老齢化は避けて通れそうにない。一部の林学者や林業家は林業労働の機械化でこの状態を改善できるだろうと言っているが、わが国のような急斜地の多い林業地で、都合良く稼働するような機械の開発は、そう容易なものではないだろう。また開発されたとしても、土木機械同様、泥にまみれてのきつい作業が完全に解消されることはないと思われる。近頃私は数県の林業関係者に会う機会があったが、どこの県でも若い林業労働者の少ないことと、それを解消し、若手をふやす方策について話されていた。ある県の森林組合では、目下老齢の林業労働者が、従前よりうんと元気で必要数は確保できるから、ここ一〇年くらいはなんとかなるが、その後の後継者は皆無だと話していた。また若い労働者を労働条件を明示して募集したところ、都会から募集人数の数倍にもなる青年の応募があり、面接した上で、採用したが、はたして定着してくれるか否かが大変心配だとも話していた。ある県の知事と緑化運動について話していた時、知事が最初に持ち出したのは林業青年の養成問題だった。どうしたら愛山、愛林思想の充実した青年を養成できるか、その方策に腐心しているということだった。

森林や樹木、その生える山地を愛しながら重労働を喜んでするような青年を今後どうして育成していくか、これはわれわれ林業人に課せられた、最重要課題であることに疑いはないだろう。

環境問題と開発

先日（一九九八年一二月）ある県で開催された、自然環境問題のシンポジウムで、私が基調講演をすることになった。私は、すべての自然環境は保護されるべきで、開発は必要の最低限度に制限し、しかも自然との調和を保つべきである。今のような特定の自然だけ面積を限って保護、保全していると、開発の力がますます強くなり、いつかは、保護地域も残らなくなるということを主張した。そして開発の側に、当然林業も入ることを話したところ、その後に行なわれた数人の講師によるパネルディスカッションで、講師のひとりであった経済学者は、私が森林のすべての伐採を拒否し、禁止を望んでいるようにとった上、林業は開発には入らないのではないかと述べた。

林業の目的を木材生産にしぼることへの疑問

私は決して林業のすべてを否定しているわけではない。木材は近頃プラスティックをはじめ各種の代替品が出て利用範囲がかなり狭められたように見えるが、それでも重要な生活必需物質であることは確かだ。しかし林業の唯一の最重要な目的を木材生産だけにしぼることには疑問がある。特に経済性だけを前面に出して、木材生産にのみ有利な数種の針葉樹種による皆伐人工造林の推進には日本ばかりでなくヨーロッパでも古くから批判がいろいろと出されている。

私たちが大学で造林学を学んだ一九三五年前後でも、講義で皆伐人工造林の各種の欠点を聞いたはずだ。ドイツではその頃、トウヒを主とする人工造林の繰り返しによる地力低下が大きな問題となり、皆伐以外の天然更新による施業法が次々と発案され、実行に移された。

日本でも原因はかなり異なると私は考えているが、古いいわゆる有名林業地で皆伐の繰り返しにより一代ごとにかなりの生産力が低下することが認められている。特にヒノキ林業地の三重県尾鷲では、地力の低下が著しく、三代目にはアカマツの植林しかできない所が出ている。林業は土地産業として、主に自然力を利用して、よい森林を造成することを本務とし、それが永続的に行なわれ、木材生産も永続的に少なくとも生産力の低下なしに行なわれなければならないとされている。地力低下は永続、恒続的に森林を造成して行くことに対し、大きな障害として立ちはだかることになる。これは皆伐人工造林の大きな欠点と言わざるを得ない。育成に長年月かかる林業ではこうした欠点はすぐに現われるものではないが、いずれは問題になることを無視して、現在までの日本林業のように皆伐人工造林一点ばりの林業を続けるのには甚だ疑問が多い。わが国で繰り返し皆伐人工造林をやると、地力が下り生産力が落ちる主な原因は、皆伐後少なくとも成林するまでの間に、豪雨による地表流下水の増加が、最も腐植に富み、林木への養分の多い表土を流亡させるからであろう。この点はヨーロッパにおける皆伐人工造林が、難分解の粗腐植を増し、その生産する腐植酸による養分の溶脱が、地力低下を促進するのとは著しく原因が違うとしても、恒続的な土地産業としては大きな欠陥だろう。ひと頃これを補うものとして林地肥培が唱えられ、多くの肥料会社が林業用の遅効性化学肥料を生産し、民間の林業家の多くが、これに共鳴して、林地肥培をやったことがあるが、木材価格が低迷する現在では経済的不利益はまぬがれず、次第に影を消しているのではなかろうか。さらに短伐期林業が提唱され、早期に所要の太さの材を得ようとすれば、植栽—伐採の繰り返しの頻度は増し、一層地力低下をうながすことになる。

私は決して人工造林を全面的に否定するものではないが、地力低下度の小さい優良な林地に限って、人工造林をして、しかも長伐期、大蓄積の大径材生産を目指すべきだとつねに主張しているのだ。伐期を高くすれば、造林初期に失った地力はかなり回復でき、代を重ねることによる地力低下は防止できるだろう。

皆伐人工造林にはもう一つ重大な欠陥がある。それは目的が一斉同齢単純林の造成にあるので、諸害に対する抵抗が著しく小さいこと、風雪害のような気象災害にも弱く、病虫害にも弱い。さらに多様性のないことは、木材の生産には有利であるとしても、諸動物の生活を著しく制限し、特に野生のけもの類の生活の場としては不適当だ。また景観としても、単純で、これが大きい広がりをもつと、まことにたいくつなものになってしまう。

カモシカがヒノキなどの造林地を食害することで、岐阜や長野で大問題になっているが、これは植栽後一〇年以内の成林前の、下草木の繁茂のはげしい時代だけで、成林後、上層林冠の閉鎖で林内の照度が極少状態になると、カモシカ等の草食動物の食物になる下層の草も低木もなくなり、生活の場としては使えなくなる。すなわち木材生産以外に森林の効用が求められないのが、人工造林地だろう。以前のように、薪炭林からの薪や木炭の生産が盛んで、いわゆる雑木山があって、谷間の土壌のよい個所を選んでスギ、ヒノキ等の植林地のある風景は、山林の里山風景として好ましいものであったが、近年のように植林一辺倒になると、山林の風景は味わいがなくなってしまった。

昨年（一九八八年）の春、四国、高知県の四万十川の一支流に位置する檮原《ゆすはら》町へ視察に行ったが、同町は町おこしにシイタケの生産を奨励して、人工造林地を拡大造林政策により著しく広げた結果、シイタケのホダ木を町外から買い入れなければならなくなって困っていると聞いた。こういった例は他にも多く見つかるだろう。いずれにしろ、特に皆伐人工造林は林業的開発の名に最もふさわしいもので、林業を開発から除外するということは不可能であろう。

薪炭林すなわち萌芽による天然更新で更生される森林は人工林と比べればはるかに自然林に近いから、無理をすれば、開発の部類からはずすことも不可能ではないかもしれないが、これとてやはり自然の開発であることは疑問をはさむことはできそうにない。

さらに最近提唱されはじめた非皆伐施業、あるいは天然更新施業等も、たしかに著しい破壊を伴わないことから、より開発としての弊害は少ないだろうが、やはり森林の開発には間違いない。ただ住宅開発、道路建設などの、緑を無視した自然の甚しい破壊とは一線を画してもよいように思う。いずれの場合も緑地であることは維持されるからだ。

森林の効果としては木材生産だけでなく、多くの効果を持っていることは林業家ばかりでなく一般によく知られたことで、ここではくわしくは述べないが、林業的開発でもできるだけ、森林のもつ多様な効用を失わないようにしなければならない。木材生産という経済行為だけしか考えない林業は今後改められるべきだろう。

私はこうした開発をすべて否定しているものではないことは、今までに話しもしたし書きもしてきた。はじめに記したパネラーの経済学者はこの点で誤解したものと思う。そして、第一義的に木材生産を掲げる林業は、もう一度本業の林業に立ち返って考え直す必要がありそうだ。

林業・林道と自然保護運動との摩擦

最近日本の各地で林業と自然保護運動との間でいろいろな摩擦が生じている。全国的に有名になったのは知床半島のナラの大木の伐採問題、もう一つは秋田、青森両県にまたがる白神山地の広大なブナ林に林野庁の大規模林業構想による林道開設とそれに伴うブナ林の開発の問題であろう。それ以前に南アルプスでの山梨から長野へ通じるいわゆる南ア林道問題があった。

上記の知床と白神両山地については、私は直接あまり関係しなかったが、知床に関しては朝日新聞の記者で知人の本多勝一君がぜひ私と対談したいと言ってきたのをうけて、私の考え方を話したのが新聞に出たりして、多少は関係ができることになった。これらの問題については当初から私の意見も求められ、講演会にも出席するよう要請されたのだが、私がはるばる京都から出向くよりは地元の大学の先生がもっと積極的に対応し、たとえ学内で賛否両論に分かれても、個人的な見解を強く主張し、論議をたたかわせるべきだと考えていたのだ。

知床の森林では原生林か否かが随分永い間論議されていたが、今回の大径のナラを伐採するかどうかは、あまり重要な問題ではない。原生林でなければ、伐ってよいと言うことにはならないからだ。原生林については別の項で所見を記すつもりなのでここでは記さないが、そんなことより、現在の日本の北限に近い森林、しかも国立公園内の森林まで伐らなければならない、必要にして充分な理由がわからない。日本の森林は第二次大戦中から戦後にわたって著しく過伐であったとしても、北限の森林ぐらいは残すだけの余裕はあってもよさそうだと考えられる。過去に何回か抜き伐りが入ったので、原生林ではないから施業してもよいというのは考え違いで、過去の伐採があやまった施業だったのではないか。また国立公園は全体が保護せらるべき性格のもので、特に保護の必要のある個所は公園内でも別に指定されていて、今回の個所はそういった特別保護地域に入っていないから施業してもよいという論にも問題がある。ほとんどすべてが国有林に入っている知床国立公園では、特別保護区に指定されているのはほとんどが施業の対象にはならない高山帯で、森林の個所は国有林当局の施業にまかされている。その理由は国有林野当局は森林を扱う優秀な技術者が多数勤務していて、国立公園の意義も充分に知っているという前提のもとにそうなっていると考えるべきだろう。

たとえ「択伐」を行なってもよいと規定されていても、するかしないかは、有能な国有林の技術者に一任されていると言ってもよいのだろう。規則で択伐ならしてもよいとなっているから、択伐をするでは、有能な技術者集団としての国有林当局者の意義がない。どう扱うかは、そのつど充分に技術者として考えた上で決定するのが当然ではないかと思う。また仮りに今回問題になった地区を充分な配慮の上択伐することに決定したとしても、実際に多くの反対を排除して決行されたナラの大径木の伐採が、林業や林学でいう「択伐」であったかどうかに多分の疑問を持つ。

択伐という伐採法は、決して大径木だけを伐る作業ではない。その森林の樹種構成や立地に従って立案された大中小径木が適度な一定の本数密度を保つよう、回帰年ごとに精査されて余剰の分を全層にわたって伐り除き、いわゆる択伐林型を保つよう維持されなければならない。天然林から出発する場合はなおさら慎重に全層にわたり、各径級の木の本数を伐採により調製しなければならないだろう。ただ一回の伐採で理想とする択伐林型にはならないだろうから、極度に林相を破壊することなく、何回かの回帰年を経て徐々に択伐林型に近づけることになろう。

今回の大径木伐採を現地で視たわけではないから、正確な判定はできないが、人づてに聞いたところでは、一本の大径木、しかも優良な大径木だけが抜き伐りされたらしい。さらにその伐採方法が実に手荒い方法だったらしい。

取り出された大径木以外に、それを伐る際の支障木が多数伐り倒されたと言う。これではとうてい林型が択伐林型に近づくことはできない。

スイスのエンメンタールのモミ、トウヒの混交林を営林署長の案内で視察した際も、そういった大径木の伐採がいかに慎重に行なわれているかを知って感心したものだった。

署長が大径木の伐根を示して、これがどの方向に倒されたか分かるかと質問するほど、周囲の残す木に支障がないよう伐採されるのだ。かかり木をしたり、危険だからと言って隣接木を伐り捨てるような技能しか持たない伐木者では択伐などは実行できないのだ。今回の知床のナラ大径木の伐採は択伐ではない。略奪的伐採にすぎない。あんな伐採をやっていては決して林業上いわゆる択伐林型に誘導することなどできるはずがない。あれを択伐と称するのは林業技術者でもなければ、それを是認する林学者はもちろん風上にもおけない人物と言わざるを得ない。ヘリコプター集材だから林地を荒らさないと言うのもおかしい。ヘリコプターでは集材はできても、その後将来にわたって必要な施業は続行できないだろう。施業林なら地上から接近できる、必要な道路網を考えるのは当然ではないか。全体として営林局側の主張には古い林学を専攻した者に一々ひっかかるところがあるようだ。

次に白神山地のブナ林のことだが、私は前にもちょっと触れたが同じようなことが山形県下で問題になり、私もこの問題の解決に呼び出された。白神山地と同様に林野庁が広域林業圏を造るため、山形県を縦断し、会津若松に通じる林道を計画した。この林道の半ばは、すでにある道路を拡張して利用するが、その残りは新設で、特に県の中部から南部にかけては、標高が千メートルほどの所を走る予定になっていた。予定路線を見てすぐ分かることは、このあたりの林道としては標高が高すぎることである。山形あたりの特に日本海に直面する出羽丘陵山地は、豪雪地帯なので雪害を生じやすく、人工造林による林業地になるのはせいぜい標高六、七百メートルの山地帯までで、それ以上の高標高地帯は将来とも人工造林は不可能に近い。それにもかかわらず、千メートルを超える山嶺をぬう林道が計画されるのは、別の意向があったのだ。それは林道ではなしに観光道路なのだ。山形県の南北に貫くこの道路は朝日山塊を遠望できるという特徴がある。しかし朝日山塊はそれほど大きな山塊ではない。観光道路としては、山形盆地もあわせて展望できるにしても、多数の人がしばしば車を走らせて来るほどの価値は認められない。林業用にも役立たず、観光にもそれほど値打ちがないとなると、この縦貫林道の建設は国費を浪費するにすぎないことをある新聞の論壇に書いた。そして真に林業用に使える道路を計画したいなら、もっと標高を下げなければならないと述べたのだが、この記事はすぐ大蔵省の主計官の認めるところとなり、早々に林野庁の関係者が呼び出され、設計変更を約束させられることになった。この件はこれで一応落着し、その後保護団体側と県との間で無事調印が終わったとの連絡が私の所にあった。しかし改変された林道沿いにワシの巣があり、まだ問題は完全に解決していないようだ。

私はこれに関係した現地調査で二年にわたり山形へ行き、かなりくわしく現地を歩いたが、その際大変興味のある事実を知った。それは、長井から村上へ通じる比較的新しい「塩の道」があったことである。文献もさがして送ってもらったのだが、大切にしまい込んで、さがしたがどこへしまったか出て来ないのであらましを記すことにするが、長井藩は以前は、酒田から船で最上川を遡行して、自藩へ塩を運んでいたが、藩政時代末期頃、酒田藩が塩の税金を上げたため、人々が甚だ高値になった塩に困り、大きな問題になった。そこで長井藩は越後の井上藩経由で、小国を通る新しい塩の道を急きょ開設することになり、小藩としては多大の金を藩財政からさいて投資することになったと言う。

この道は今の宇津峠を越える長井―小国線よりやや北の低山帯をぬって小国に出る牛馬道で、おおよその経路を記すと、長井から木地山ダムのある野川の南部の丘陵を越え、明沢川の中流をまたいで、峠越しに金目川すじに出て小国に達する近道であった。この塩の道は今の国道が整備される前、牛馬を物資運搬に使っていた時代に、少なくとも明治末期までは使われていて、老人の中には記憶している人もかなりあるらしい。私たちも長井市側から木地山ダムを視察したついでに足をのばして少し歩いてみた。当時としてはよく設計された歩きやすい道だった。翌年は小国から金目川すじに入り明沢川の峠まで行ってみたが、峠に通じる道はジグザグを繰り返しているが、これも実に歩きやすい道だった。その上峠の頂上には牛馬の飲用水としての大きな井戸が掘ってあり、今でも清水がこんこんと湧いている。明沢川へ下る道も、必要な個所にはちゃんと石垣が組んであり、対岸の切り立った崖の所も巧みに途中の岩棚を利用した道が開設されていた。おそらく当時の藩の土木技術の優れた方法を利用しての建設工事だったろう。金目川水源に近い部落では、当時の測量は夜間、提灯の光を利用して行なったと言い伝えられているという。こんな良いルートがあるなら、今回の林道もこれを利用すれば、人工造林可能な標高をぬうことになり、林道としての再利用も可能なのではないかというのが、参加した保護団体の人々のもっぱらの説だったのである。

自然と人々

一九〇〇年代初期には自然が豊かだった

身近な所から自然らしさが失われたのは、そう古い時代のことではない。私が子供だった大正の初期すなわち一九二〇年代には、家の前を流れる小川にもシジミや小さな貝類がすみ、メダカや小魚も手ですくえば獲れた。したがって夏にはホタルも飛びかっていたし、カナブンやクワガタが家のあかりめがけて飛び込んで来た。木登りをするカシノキやクリノキも村の中に所々大きくそびえていた。小さな集落のすぐ外の田畑の広がるあたりまで行けば野川の水がきれいだった。魚とりはもちろん、水あびをして遊んだが、誰にもとがめられることはなかった。京都の街と境をする東山には、初めは父に連れていってもらったが、後にはよく友達と連れだって登った。二〇〇メートルほどの低い山だから子供にも楽々と登れたし、頂上には、田村将軍の甲冑が埋められているという「将軍塚」があって、小さな茶店で駄菓子を売っていたが、店番のおじさんの話によると、ここには大蛇がすんでいて時々姿をあらわすと言う。散弾銃で撃ってもうろこが固く、全然通らないなどといううそかほんとか分からない話を聞きながら、京都の街を展望して、駄菓子を食べるのは、晴れた日曜日の楽しみだった。時には村の反対側の大津市との境にそびえる牛尾山へ登ることもあった。ここは東山よりずっと高く、奥がかなり山深いので、子供だけでは行けない。よく父親にねだって連れて行ってもらうのだ。水のきれいな渓流があり、深く広がる雑木林ではクワガタ、カブトムシなどの昆虫がいくらでも採れた。山頂直下には、清水寺の奥の院にあたる観音堂があり、そこへ泊めてもらったこともあった。京都と大津の間の東海道沿いにある私の育った山科はこんな農村だったのだ。それが一〇年たった一九三〇年頃になると、次第に各地から新しく入って来た人が住みこむようになって、私たちが遊んで、自然から多くのことを学んだ、広い多様な自然の様相が次第に変わって行った。一番大きな変化は、田畑が減って宅地がふえたことだろう。東西に横切っていた東海道線の位置が、ずっと北のほうに変わって、京都や大阪への通勤が以前よりずっと楽になったことが、人口増加の最大の原因だったと思う。農地が減少し、住宅がふえると、まずきれいだった小川に汚れが目立ち始め、次第に貝や小魚が減って来て、やがて生き物のすめない川になって下水道化した。田畑にも、今まで主として施されていた有機肥料、すなわち近くの山から集められた落葉などで造られた堆肥や、山から採ってきた柴や薪をかまどやいろりで燃やしてできた木灰（有力なカリ肥料）や人糞尿（窒素肥料）が次第に用いられなくなって、化学肥料に変わっていった。この田畑の肥料の変化は、昨今里山と呼ばれるようになった、田畑にほど近い村の農用林だった裏山の林相を変えることに大きな影響を及ぼすことになってしまった。すなわち田畑の肥料としてたえず集められていた落葉や枯れ枝がそのままで林地に残されるようになると、林地につもる腐植がふえて、次第に肥えた土ができるようになる。この変化はそれほど急には起こらないが、土が肥えてくると、マツやナラなどの雑木からなる林が、その地方の極相林に近い森に変わって行くことになる。京都付近は暖温帯だから、いわゆる照葉樹林の常緑のシイ類やカシ類の森に徐々に変わって行くことになる。この変化はそう早い速度ではないが、直ちに起こるのは柴を刈らないために、森林の高木群の下に生じる下層の植生が繁茂してくることだ。下木の柴やササがびっしり生えてしまうと、子供の遊び場が狭められる。道以外が歩けなくなれば、兵隊ごっこも思うようにはできないし、木登りもやりにくくなるだろう。

村が町に変わり町が市街地になって、農地が減り、川が汚れ、里山が使われなくなって、子供の遊び場の野山や川がすっかり変わってしまうのには、さらに一〇年以上の年月がかかったようだし、里山が、暖温帯で照葉樹林に変わってしまうのは、もっと長い年月がかかるらしい。しかし例にあげた私の故郷の自然だけではなく、日本の国土全体の自然が、大都会の近郊から始まって大きく変化してしまったのは、第二次世界大戦後だったようだ。大戦中に子供時代をすごした者までは、なんとか、日常に家から友達と遊びに出られる範囲で、まだ自然の中での遊びが不自由ながらもできたようだ。その頃にはもう小川にはメダカは泳いでいなかったのではないか。しかしザリガニなどがよくとれて、洗面器に入れて家へ持って帰ったりしたし、チョウチョウの種類はうんと減ってモンシロチョウがいなくとも、まだ追いかけられるチョウがいただろうし、学校のクスノキではセミもとれただろう。遊園地であぶないと叱られながらも、こっそり木登りをする子供もいただろう。

だから現在四〇代ぐらいの年齢の人は、子供時代、放課後や休日に友達と近くの野や山で遊んだ記憶を多少とも持っているようだ。

最近になって自然が駄目になった

最近になると、子供たちが自然の中で、自然と遊ぶことは、ほとんどなくなってしまった。放課後ランドセルを玄関にほうり出して、その足で友達をさそって野山をかけ巡り、川で遊ぶなどということは考えても見ないようだ。何をするかといえば、すぐ茶の間でテレビゲームをするのが普通のことらしい。放課後すぐ学習塾へ行く子供も多い。

もう戸外の方々にこだました子供たちの元気な呼び声は全く聞けない。聞こえて来るのは自動車やバイクの騒音だけになってしまった。遊べる自然が身近から消えたばかりでなく、近代文明が新しく作り出した機械を用いた遊びが、子供にとりついてしまったらしい。

先日あまり見なれない小学生の兄妹が私の家をたずねて来て、私の家の裏の林でセミを採らしてくれと言う。私は隣に住む小学生の孫息子をつけて、セミ採りをさせてやったが、この子供たちがセミ採りに持ってきたのは、ばけつとひしゃくだった。そんな道具ではセミ採りはできないよと言ったのだが、どうもセミ採りをしたことがないらしく、ともかくやってみると言って裏庭へ入って行った。結局セミは採れなくて、ぬけがらを集めてばけつに入れてきた。その上、帰り道に路地にあったツバキの木に大きな実がついているのを下の女の子が見つけ、「おじさんこれなに」と聞くのでツバキの実だと答えたのだが、その子はまずツバキを知らない。「赤や白の大きな花の咲いているのを見たことはないか」と聞くと、「見たことがない」と言う。また木の実が分からない。木に実の稔ることを知らないのだ。ツバキも木の実も知らないとなると、セミを知らないのも当然のことかもしれない。これが小学一年生だ。この話を中学で生物を教えている私の長女にしたところ、近頃はそんなことが当り前のことになったと言う。野外へ出て、スギナからツクシの出ることを教え、スギナとナズナが全く違う別の植物だと教えておいても、試験でスギナとナズナの区別が分からず、ましてやスギナからツクシが出ることなど全く理解できない中学生が多いとのことだった。

自然は現代のわれわれの生活にとって最重要なものになっているにもかかわらず、近年、地球に住む人類の大部分が、科学技術の進歩だけにまどわされ、経済成長のみを人類の進歩だと勘違いして、狂奔した結果が、小学生から自然を奪い取り、自然から遠ざけるような逆の努力をしたことになってしまったと言えそうだ。

私と自然の関係

私は林学を学び、大学で林学特に森林生態学を専攻し教育してきたこともあって、ここ四〇年ぐらいの間、公害防除に関係し、自然保護を訴え、あらゆる環境問題に苦言を呈してきたのだが、若者がこうして自然から離れて行っているとしたら、今まで私なりに努力してやってきたことは、何の役にも立たなかったと言えそうだ。

私の家の周囲には幸いまだかなり広い自然が残っているので、近くに住む孫たちは先に述べたような自然を知らない子供にはならなかった。小学六年になった男の子はセミの幼虫が大小の穴を開けて土から出て来て、木に登り羽化する様子は何度も観察したし、木の幹を下のほうへ降りてきて産卵しているらしいのも見たが、まだ交尾しているところは見ていないと言っていた。トンボの交尾やカマキリの交尾は知っている。先日も、庭の竹藪の側で、キジバトが大きな鳥におそわれ、傷ついて落ちたのを拾い、その大きな鳥を追い払った。傷ついたハトは早速兄と自動車で動物園まで持っていった。大した傷ではなかったので、直ぐに治るらしいと安心して帰ってきた。しかしおそった鳥が何だか分からないと言って鳥類図鑑を調べていたが、しばらくしてオオタカらしいと言ってきた。

オオタカは京都の周辺の里山には点々とすみついていて、京都御所の外苑まで、東山からハトを獲りにくるのもいるらしいから、この話も間違いではないだろう。

この庭も少し前までは、カブトムシもクワガタも採れたが、今はもういない。庭のすぐ外れにある一本のクヌギの幹から以前は初夏の頃になると樹皮の傷口からあまい樹液が流れ出て、コガネムシやいろいろのチョウチョウもたくさん集まってきて、カブトムシやクワガタといっしょに樹液を吸っていたが、昨今はその傷ができなくなってしまった。付近の農地がほとんどすべて宅地化してしまったからだ。小鳥はまだたくさん来ていたが、今年の春はメジロもウグイスもめったに見られなくなってしまった。隣にはまだ水田と畑が「生産緑地」に指定されて残ってはいるのだが、農薬を多用するらしく、ノネズミもイエネズミもこの付近ではすめなくなったらしい。そうなるとそれを食物にするイタチがいなくなってしまった。地上性の小動物の姿が次第に減っているのは残念だ。しかしまだ小学生に自然に関する初歩の知識をつけるにはさして不足はない。動物ばかりでなく、植物の識別も先にあげた例のようなことはない。樹木の名をわからせるのに秋の落葉を使うのも一方法だ。裏庭にいろんな落葉樹がある。これが紅黄葉して散り敷く。それを集めさせ、この葉は何の木の葉かを答えさせる。こんなことに意外に興味を持つものだ。葉のいろいろな特徴をおぼえると、すぐにこれは何の木の葉だかが分かるようになる。また花では蜜を吸ってみることを教える。これで花の蜜のあまさをおぼえると、ツツジなどはすぐおぼえる。そして多くの昆虫が花の蜜を吸いに来ることから、ハチやコガネムシの名を覚える。

この裏庭にはクリの木を何本か私が植え、それが秋には実を落して、皆が充分焼いたり御飯に入れたりして食べるだけあったが、あまり手をかけず自然になるがままにしていたので、胴枯病に次々とやられて一本だけ大きなのが残り、今でもこの木の実だけで皆が食べたいだけ食べられるほどなるので、秋になると孫たちは友達を連れてクリ拾いをする。それもよいが、その他シイやカシの実も近くの天智天皇の御陵の参道になるのを拾いに行く。シイの実の食べられるのは誰でも知っているが、カシやナラの実は渋くって、渋抜きをしないかぎり生では食べれないと思っている人が多い。しかし渋抜きをしなくとも食べられるカシの実がかなりある。奈良公園に大木が多くあってシカのよい食物になっているイチイガシや方々のシイやカシ類からなる森林に混って生えているシリブカガシやマテバシイは、そのままで食べても渋皮がはがれてしまうので、美味しく食べられる。私の孫は小さい時から前記の御陵へ行ってマテバシイの実を拾って、家で焼いて食べているので、この実の渋くないことは充分に覚えている。保育所へ行っていた頃、この話を保母さんにし、保母さんは孫から教わってマテバシイの実が食べられることを知った。その後は子供を引率して、御陵へ行き、この実をたくさん集めて、園児一同で試食するようになった。一つ新しい自然と子供の付き合いが生まれたことになる。これも自然を知る機会と言えるだろう。有名な牧野氏の植物図鑑にはマテバシイの実は食べられるが、まずいと書いてあるが、私や孫たちはまずいとは思わない。

自然と人の関係はどうあるべきか

以上のように、特に一九〇〇年代後半近くになって、わが国の身近な自然はすっかりこわされてしまった。子供たちも近代の文明のもたらした新しい遊びに興味を持つようになり、自然との遊びをすっかり見限ってしまったようだ。その一方では、世界中の文明国が、文明の進歩により破壊された自然をなんとかして取りもどそうと、やっきになり出している。地球規模の大きな問題では大気中の二酸化炭素の増加による地球温暖化やフロンによりできるオゾンホールの出現や酸性雨問題があるが、小地域の問題では、生物的自然の著しい破壊と減少が大きな問題になるだろう。こうした種々の自然破壊に対抗するためには、まず人々の自然認識を改め、今後の人の生活には生物的自然がいかに必要かを地球に住む人々のすべてが充分に理解し、知り、これを保護するために立ち上がらなくてはならないだろう。特に将来をになう青少年には自然の大切さをできるだけ知ってもらうために大人たちは努力しなければならないし、青少年も自ら大いに努力して自然について学び、自然から教えられなければならない。自然は地球に住むすべての人々にとってかけがえのない、最も貴重な財産だろう。

日本の文化には仏教が入るはるか以前からあったいわゆる原始宗教の自然神があり、森や山や岩や川のすべての自然物が神であるか神のよりしろだった。欧米にもこの信仰はあったらしいが、キリスト教の普及以来、邪教として撲滅させられてしまったらしい。わが国へ入った仏教にはこういった極端な考え方がなく、自然信仰はそのまま現代でも残っている。自然に神が宿るとしたことで、私たちにはごく近年まで、自然の生物を殺すという思想はなかった。最近の進歩した科学が、せっかく日本人の持っていた自然を大切に思う考え方を、片端からぶちこわした。蚊やり火が蚊取り線香に代わり、殺虫剤へと進んだ。村の田や畑を荒らさぬための「鳥追い」のかがしは見られなくなった代わりに銃で鳥を殺すようになった。結果として、鳥獣を保護するためにつくられるわが国の「鳥獣保護区」には特例としてどこでも有害鳥獣駆除が付いていて、農林業に害を与える鳥獣は銃砲で撃ち殺してもよいことになっていて、どこが鳥獣を保護しているか分からなくなってしまっている。このような、人に害を与える生き物は殺してもよいという思想は元来日本人の持つ思想にはなかった。すべて近代科学思想が持ち込んだものだろう。この前、家に飛び込んで来たアシナガバチを私がハエタタキでたたき殺したのを見た孫の小学生に、私は叱られた。ハチは窓を開けて外へ出してやればそれですむのに、なぜたたき殺したのかと言うのだ。その通りで私は悪かったとあやまった。私が近代の思想に毒されていたのだ。

現代の子供に自然を教え、自然を守るようはたらきかけるのは、ここにいろいろと例示したように、大変むずかしいことになってしまった。しかしむずかしいからと言って捨て置くわけには行かない。子供ばかりではない。大人たちもほんとうはほとんど何も自然について自覚していないのだ。自然との共生、共存が大きく採り上げられている今の時代には、大人、子供ともども、改めて勉強して、もっと広く、深く自然を知り、その保護を実行しなければならないと思う。

緑をふやそう

「森林は酸素を造っている」そしてその造られた酸素がわれわれ人間の呼吸に使われているようなことがよく言われている。しかしこのことは真実を伝えているものではない。私はこのことを機会があるごとに話し、書いているが、まだ十分に理解されてはいないと思われるので、ここにもあらましを書こう。

森林は緑の葉で光合成をして生活していることは確かだ。その森林を構成する林木の光合成だけを採り上げると、たしかに大気中から二酸化炭素すなわち炭酸ガスを取り込んで、その炭素を元にして樹木を構成する有機物を造り、酸素を大気へ返しているから、森林が酸素を造っていると言えばそうだが、森林が生活するためには、呼吸をしなくてはならない。その呼吸を考えると、逆に大気中から酸素を体内に取り込み、樹体を構成する有機物を分解して、二酸化炭素にして大気中に放出している。

だから森林は生きるためには、光合成と呼吸の差にあたる有機物で生長を続けているわけだ。さらに森林は毎年不用になって枯れた枝葉などを、林地に落す。この中には森林にすむ諸動物の死体や排泄物等も加わっている。これらの不用になった有機物は林地に溜り、いわゆる落葉層を造っている。

この落葉層も年々溜って厚くなるばかりではなく、徐々に腐って分解して、大気中の酸素を用い、二酸化炭素を放出する一方、地中へは再生に有用な無機塩類を残し、林地の土の構造をよくすると共に、林木の成長に再利用されている。

すなわち、森林は光合成で、炭素を貯え、酸素を放出するが、逆に呼吸や分解で、酸素を消費し、炭素を二酸化炭素として大気中へ放出しているから、その差はきわめて少なく、森林全体としては決して酸素を造っているとは考えられない。充分成熟した森林ではその差はほとんどないだろう。だから森林が酸素を造るという話は間違いだといってもよいだろう。

森林はむしろ炭素を貯える組織なのだ。

森林の炭素は樹体、特に永く存続する幹や太枝として貯えられ、また落葉層として、成熟した森林なら、その場所の気候に応じて大量に貯えられている。樹体として貯えられている炭素量に土中に腐食として存在する炭素の量を加えると、地球全体では大気中の二酸化炭素として存在する炭素量の二倍にもなるという計算例がある。

だから、地球上の陸地に現存する森林はつねにその量を維持していくような施業を考えなければならないばかりでなく、大気中の炭素量が増加し続けている現在では、新しく森林面積を増加していく計画が建てられなければならないだろう。

わが国でも、林業では皆伐をやめて、択伐的な抜き伐りで森林をこわさずに木材を取り出す工夫をもっとしなければならないし、公園などもスポーツを主体に考えず、もっと森林の多い公園にして、人々が休らぐような場所を提供しなければならないだろう。さらに今までの住宅団地のような緑の少ない、家ばかりが並んでいるような開発はやめにしてもらいたい。特に日本の街の住居地域には森林などの緑地が他国と比べて著しく少ない。もう新しく里山などを破壊して、大きな住宅団地等を造る時代ではなさそうだ。すでに開発された古い団地などに、人が住まなくなった旧式のアパート等がふえている。これらを新しく造りかえるほうに力をそそいで、現存する緑地はそのままで残し、さらに改良を加えて立派な森林にすることが、地球の温暖化防止上も必要な、これからの仕事ではないかと思う。

前にも書いたと思うが、海上に空港を増設するには、どうしても、陸地の自然を埋立用土砂の採取で破壊しなければならない。その跡地は再度なんとかして森林に返してもらいたいものだ。この前の関西空港の第一回目の埋立用土砂採取地は当初の計画では、表土五〇センチメートルの深さまでは、はぎ採って残しておき、土砂掘取後に森林の復元用に用いる計画だったが、後でその跡地の利用法が変わってしまって、住宅団地か何かを造成することになって、表土の保全はやめてしまったようだ。これでは、土取り跡地の緑は復元できなくなり、空港の海上造成によって、陸地の緑も大量に失われ、そこに貯えられていた炭素は、全部いろいろな経路で大気に返り、大気中の二酸化炭素量をかなり増加させるのに役立ってしまうことになった。今回はこのような海上空港の増設により、再び陸上の緑を大量に失わせるような作業はなんとかしてくい止めてもらいたいと思う。やはり跡地は再度森林に返すだけではなく、空港に近い岸に造られている新しい商業団地にも緑地をできるだけ多くして、緑の多い空港とその周辺部にしてもらいたいと思う。

これからの開発には今までのように、惜し気もなく森林を破壊することを絶対にやらないこと。むしろ必要な開発をやれば、それを上回る緑地の造成を心掛けるようにしてもらいたい。森林のような炭素のかたまりのような地域が今までより増加すれば、それだけ大気中の二酸化炭素は減ることになる。それは地球の温暖化防止に役立つことを充分に考慮しておかなければならない。

人によっては、地球が今より暖かくなれば、農作物の増収になり、ふえ続ける人口に食料を与えることができると思うらしいが、農作物は温度だけでは判断できない。少なくとも気候的にはもう一つ水の供給がある。これが伴わなければ、砂漠のような不毛地がふえることにもなる。気候が温暖化すると、蒸発量が増し雨もふえるかもしれないが、水が地球上全体に均一に与えられることはなく、まず一方では大きな洪水が生じたり、他方では乾燥地が著しく拡大するだろう。その上、炭酸ガス（二酸化炭素）が著しく増加しても光合成はそんなに大きくはならない。

今の大気の状態を維持し後世に残すのが、私たちの大変大きな務めだと思う。

自然について

全人類的課題

自然と言うと、その範囲は非常に広くなる。気候、地形、地質、土壌、河川などの無機的なものから、その中で生活する生物、すなわち、動・植物をすべて包含する、地球上の諸々の現象をさすことになるだろう。最近ではその自然の一員であった人類だけが急速な発展を続け、ずばぬけて優れた知的活動を行ない、異常に増加したポピュレーションをかかえ、自然をあらゆる面で甚だしく破壊することになってしまった。特に工業を中心とした、人類のための産業としての経済活動による自然破壊が著しく顕在化し、局地的な自然開発による破壊にとどまることなく、地球規模での影響が切実に憂慮されるようになった。大気中に放出される炭素化合物や窒素化合物による地球の温暖化や、酸性雨による森林や湖沼の生物の死滅、さらにフロンガスによるオゾン層の破壊が、紫外線の増加をもたらすことによる危険などは、周知の事実になってしまった。

人類による地球規模の自然破壊は今や全人類としての大きな問題になってしまったが、この責任のほとんどすべては、北半球の温帯に偏在するいわゆる先進国が負うべきものだろう。特に近年になって急速に発達した、工業を中心とした新しい技術による経済発展が浪費した、エネルギー生産のための化石燃料が最も大きな問題であることは間違いないだろう。

あえてエネルギーの浪費と言うのには、次のような私の調査例がある。岡山県水島にコンビナートが建設された初期、農家では特産のイグサの葉先が枯れ、ウメの花は咲くが、稔らないというような苦情がではじめ、住民には小児喘息が多発した。県は無公害を力説していたが、大気中の硫黄酸化物濃度がかなり上昇していることが認められたばかりでなく、水島の工業団地建設前後で市中の気温が平均で二度近くも上昇していたことがわかった。結果として、県も公害の発生を認めたのだが、年平均気温二度の上昇は著しいもので、気候的には暖温帯が亜熱帯に変わったほどの差違である。この気温上昇は生産にほとんど無関係な熱エネルギーが工場外へ放出されていることになる。すなわちエネルギーの浪費と言ってよいだろう。先般の石油ショック時には国をあげて、エネルギーの浪費をいましめ、その消費量増加度は大幅に低下した。最近ではエネルギー節約の声は薄れているが、地球規模の自然環境破壊に対してはエネルギーの消費節約ばかりでなく、生産財の消費節約、耐久年数の延長などにより、生産量を極度に軽減しても、自然環境の基質である大気、水、土の汚染、汚濁を防止すべきだと考えられよう。

自然と日本人

わが国の自然環境の大部分は温帯に属していて、そこに住む人の生活の場も、温帯から離れることはほとんどない。生活の場である集落も、標高一千メートルを超えることはないから、狩猟などで、より高所までけものを追う場合以外は、温帯で暮らしていると考えてもよいだろう。

温帯は日本列島では植生で二大別できる。北部はブナ、ナラを主とする森林でおおわれた落葉樹林帯で、気候的には冷温帯と称せられる。南部はシイ、カシ、クスノキを主とする森林でおおわれた常緑樹林帯（照葉樹林帯）で、気候的には暖温帯と称せられる。この両帯の気候的な特徴は冷温帯は冬季寒冷で、多雪であり、暖温帯は冬季もほとんど積雪を見ることがなく、温度もあまり下がらないので、年を通じて人々の行動はさまたげられず、森林も年を通じて緑を失うことがない。また、日本の両温帯を通じてスギ、ヒノキ、モミなどの、構造材として現在でも最も利用価値の高い針葉樹の大喬木が、広葉樹林に点在して混生していた。このことは日本の自然を代表する森林植生の大きな特性で、西欧の石の建築に対して木の建築が発達した原因でもあった。なおわが国に分布する常緑樹林は照葉樹林とも言われ、中国大陸南部から、ヒマラヤ山脈南部にかけてのみ分布する特徴のある森林で、稲作をはじめ多様な農作物の栽培に適する、照葉樹林文化帯といわれるものを形成した気候帯だったのである。

こうした多雨で比較的温暖な気候環境に生活し続けた日本人はヨーロッパなどに比べ、豊かな生物資源にめぐまれた自然の中で、この数千年を過ごしてきたと言ってもよい。最近のように工業が発達してくると、地下資源の貧困が産業発展の障害になるが、それ以前の農耕時代にはむしろ他国に比べ総体的には豊かだったのではなかろうか。その上、つとに文化、文明の発達した中国大陸に隣接し、古来多量の文化、文明を移入し得たことは、日本列島は位置的にもめぐまれていたと言ってよいだろう。

豊かな自然の中で生活し続けたことからだろうが、日本人は自然を神として敬ってきた。大木、巨石、清泉などが神であり、森は神そのものであったり、神の宿る所でもあったので、自然は畏敬され、恐れられた。

縄文時代、人々がまだ農耕を知らず、狩猟採取でひとえに天の恵みにたよって生活をしていた時代には、上記の冷温帯の落葉樹林におおわれていた北部のほうが、人口も多く、大陸北部ではまだ定着した生活が行なわれていなかった頃に、わが国ではすでに河川沿いの平野部に定着した集落を造った生活がはじまっていたことが、近年の研究で明らかになってきている。落葉樹林地帯は冬にそなえて、必要な食料を貯えられるほど、物資が豊かだったのである。森からはトチ、クリ、ドングリ等の木の実を十分に集められたし、河からはマス科の魚がいくらでもとれたし、冬の雪上にはけものが足跡を残し、仕とめるのは容易だっただろう。

大陸から稲作が入り、本格的な農耕がはじまってはじめて、南部の照葉樹林帯の人口が増加し、現在でも日本の人口の八〇%が生活するという、暖温帯の照葉樹林帯文化が日本列島をおおうことになる。採取時代の照葉樹林帯は古来、きわめて生活の困難な地帯だったらしい。昼なお暗い常緑林は、農耕のために開発されてようやく人々の生活の場に変わったと言ってよい。

それ以前に落葉樹林帯に発達した文化はむしろ自然を温存し、そこから自然に生じる食物を集めることによって成り立ったが、照葉樹林は逆に自然を切り開き農耕地に変えることに文化の中心があったと言ってよく、この両気候帯ではおそらく自然観がかなり違っていたのではないかと思われる。私は現代の日本人は自然の開発により発達した農耕文化の影響を強く受け継いでいるのではないかと考えている。もちろん農耕でも自然神は厚く信仰されていて、山の神は、夏は田の神となって、農耕を見守っていたのである。近年文明の発達とともに神を畏れる念は薄れ、科学万能の世の中になり、自然の開発はさらにはげしく全土にわたり限度を越えるようになった。

自然観の見直し

わが国は国土の七〇％近くがなお森林におおわれているが、これは地形が急峻で、開発が困難だったためで、決して自然を愛し、温存したからではない。最近ヨーロッパと日本の人々の森林観の違いを私たちがアンケート調査した結果によると、深い森林を好むのはヨーロッパ人で、日本人は開けた風景を好む。また大木や古木に神の存在を感得するのも、むしろヨーロッパ人のほうが強いことがわかった。

いわゆる近代化が進むにつれ、自然開発の要求が強まるとともに自然保護・保全の要望も強まるのは当然の成り行きではあるが、自然の価値観も甚だしく多様化してきている。森林自然行政をあずかる林野庁は森林を木材生産の場として、経済的に増強するため、人工林地を一千万ヘクタールにまで拡大したが、これに対する反発も強い。多様な効果を持つ森林を多様な自然観のもとで、いかに保護、保全して行くかがこれからの大きな課題であろう。

気象災害について

はじめに

私は全く偶然の機会から、気象災害と関わりを持つようになった。それは第二次世界大戦後、たしか一九四六（昭和二一）年夏のことだったと思うが、私が応召し所属していた漢口の方面軍司令部から復員して、久し振りに山林局（現在の林野庁）に顔を出した。そして今後の身の振り方を尋ねた。その後半月ほどたった後、「君は林業試験場へ出ることになった」と上司から知らせてきた。その時は造林を専攻することになっていたのだが、しばらくして、造林は別の人がやることになったから、新設の防災部で、風と雪の災害をやらないかと変わった。私は敗戦後の混乱した日本では職場のより好みもできそうになかったので、またいささかやれる自信もあったこともあって、この相談に応じることにした。目黒にあった試験場も当時は焼野原だったので、防災部も全くの寄合い世帯で、部員一〇名以上が一室に仮住いしていて、まだそれぞれの研究室とてなかった。

これは多方面の情報を交換するのには、至極便利で、風雪害ばかりでなく、多様な気象災害の知識を雑談のなかで得ることができた。

大戦後の気象災害

全く不思議なことだが、よく知られているように、大きな戦争の後には、集中して大きな気象災害が頻発する。日露戦争後の明治末期から大正初期にかけても、気象災害が多発し、結果的に森林の荒廃が災害を助長しているというので、官民をあげて造林にはげんだ。同じようなことが第二次大戦後も起こり、やはり同じように戦時中に荒れた森林地帯の造林が極力推奨された。植樹祭も造林推進のために始まったのだ。戦後の気象災害の多発は、試験場でも対応にいとまがなく、私たちの風・雪害研究室からも、しばしば応援にかり出された。おかげで山地の山崩れや地すべり跡を全国規模で視察し調査することができたのは、私にとっては大きな経験の蓄積をもたらしてくれた。

その間に得た結果を大きくまとめてみると、以下に記すようなものだった。

a　谷沿いの崩壊は、同時に両岸に生じることはまれだ。これは地層や基岩の成層や節理の傾斜角が主に関係しているらしい。元来、谷は断層に沿って生じるもので、ほとんど常に一方の岸が順層になっていれば、他方は逆層だ。逆層斜面は急峻だから、絶えず表土は崩落しているが、豪雨災害時に大きな崩壊は生じない。大きな崩壊の起こるのは順層面で、平時はびくともしないが、豪雨や長雨で、表層の全土層が水で飽和されると、支持力が激減し、長年にわたって貯えられていた位置のエネルギーが一挙に放出され、大きな地すべりや大崩壊が生じる。

b　豪雨が続くと、地すべりや大崩壊の生じる山腹は、土層が厚いせいもあって、造林地に変わっている所が多く、その植林木も一般には生長が良い。つまり優良な造林地になっている所が多い。造林地はほとんどすべてが、二、三の有用針葉樹の一斉単純林だから、根の層の厚さはせいぜい五、六〇センチにすぎない。しかも面的には互いに細根が網の目のように複雑にからみあっているので、豪雨により表層土が過飽和状態になると、面としての広い範囲が、立木もろともすべってしまい、植林のない個所より広い地すべりが生じるようだ。この点、天然生の広葉樹林は比較的杭根が発達しているらしく、植林地に比べ地すべりなどを起こしにくいようだ。

さらに古い地すべり跡地には、優良造林地が多い。これは地すべりにより、土層が動いて破砕されるため、多孔質になり、水の浸透も保留も良くなるからだろう。

c　太平洋側の山地では、前線性の豪雨も台風性の豪雨も生じ、時には双方が重なったり、相前後したりして生じるが、ごく大ざっぱに見ると、前線性の豪雨の時には東西に流れる河川に水害が生じ、台風性の豪雨の時には南北に流れる河川が危険だ。

第二次大戦後、上記したように気象災害が多発したので、私のいた林業試験場の宝川理水試験地の主任をしていた武田繁後氏が、国会に呼ばれ、森林地帯の豪雨に際しての一時保留水量に関して質問されたことがあった。氏は私にどれぐらいの降水量を森林土壌が保留すると思うかと尋ねるので、私は森林の表層土七、八〇センチに一時保留できる水は二〇〇―三〇〇ミリ、常時一〇〇―一五〇ミリは残っているから、一連続降雨で許容される保水量は、一〇〇―一五〇ミリとしてはどうだろうと答えた。氏はそれを基にして、文献を当たり、大体そんなところだろうと言って、この数値を国会で答えたらしい。結果的には大まかな保留量はその後も、これくらいの値になっているらしい。どうもいい加減に言った数字が一人歩きしてしまったような気がして、今でもテレビなどで洪水警報が出るたびに気になる。こんなことが他にもある。それは森林地帯のクマの生息密度で、私がひところ一平方キロに一頭という全くいい加減なクマの密度を言ったことがあったが、この数字が大分長い間一人歩きをしてしまった。実際にはクマの数はもっと少ないらしい。

しかし上記の保留水量は当たらずとも遠からずで、これを超える一連続降雨があれば山腹の安定度は著しく小さくなるだろう。わが国では前線性でも台風性でも、時雨量一〇〇ミリを超え、一連続降雨一〇〇〇ミリを超えることは決してまれではない。こんな豪雨になれば、森林の有無も天然林か造林地かの違いも、もうほとんど問題にならないに違いない。

大分前になるが、ドイツの生態学会の人々が来京した際、比叡山の新植地に密生する下層植生の茂り具合を視て、これだけ植生が密生すれば、土壌侵食は皆無だろうと言うので、私は一連続降雨一〇〇〇ミリ、時雨量一〇〇ミリの雨は日本列島では毎年どこかで生じるから、これくらいの植生でも表土は侵食されると答えた。しかし彼は全く信用しなかった。そんな強い雨は降るはずがないと言うのだ。それはそうで、ヨーロッパでは年降水量が多い所でも、一〇〇〇ミリはない。したがって月平均降水量も一〇〇ミリはない。それがわずか一、二日で降るとは、とても信じられなかったろう。日本の一般人も自ら体感しない限り、おそらくそんな豪雨があるとは信じられないに違いない。ほんとにどしゃ降りの雨でもせいぜい三〇ミリ程度だろう。時雨量一〇〇ミリという雨は表現の仕様がない。一九三五年京都の加茂川、高野川の水源地帯に豪雨があり、橋がほとんど全部落ち、下流で氾濫したことがあったが、その時、貴船の茶店の人はいよいよ山へ逃げないと危険だと思い、番傘をさして表へ出たが、傘がやっと両手で支えられ、それでも傘がしわるのがわかったと言っていたが、これくらいでもまだ一〇〇ミリには達していなかったらしい。

森林所有者や林業家は森林の洪水防止効果を過信しているようだが、私は日本の長雨と豪雨では森林の効果は信じないほうが良いとさえ考えている。洪水防止どころか、森林の崩壊が心配だ。

近年の気象災害

近頃また気象災害が目立つ。その上火山の噴火や地震、津波害まで次々と生じて、ただ事でないような気がする。しかも日本列島だけの話ではなく、世界的にも各地で頻発しているらしい。こうなると、多くの人々が心配している、地球規模での異常気象がそろそろ始まったのではないかとも考えたくなるが、気象関係者は否定しているらしい。

私のほうにもよく新聞社から問い合わせの電話が入る。特に森林と洪水の関係になると、しばしば質問がくる。

二、三例を挙げておこう。これは水害ではないが、一九九一年の台風一九号による北九州のスギ造林地の壊滅的被害の主因は、サシキ造林にあると考えてよい。永年品種別のサシキ造林が繰り返された結果、二、三の品種ではクローンと言われる状態になっていて、森林を造る各個体の生長が皆ほとんど変わらなくなってしまっている。そのため木材としては良いのだが、森林になると個体に優劣が生じないので、適度の間伐が行なわれない限り、同じ大きさの細長な樹幹になってしまう。見た目にはきれいで、よくポスターなどの写真になるが、一度強風にさらされると共倒れしてしまう。この点実生から作った苗木による造林では各個体間に自然に優劣が生じ、一斉造林地でもかなり伸びや太さが不斉になり、広く共倒れすることはないのだ。また一九九二年だったか、九州の東部で水害があり、河沿いの造林地が侵食され、多数の立木がそのまま海へ流出し、四国のある港に漂着して港をふさいでしまったことがあった。これは造林のやり過ぎが原因だろう。以前から河岸はある幅で広葉樹の自然林を残しておくのが普通であった。これは岸の洪水による侵食防止のためだ。ドイツでも河辺林は中林と言われる特別な広葉樹林施業が行なわれている。さらに滋賀県の比良山脈西側の安曇川上流に豪雨があり、造林地ばかりでなく、二次林の広葉樹林まで崩壊したのも一九九二年のことだったと思う。この時は広葉樹林地まで崩壊したのは、どうしてだという問い合わせがあった。この時の雨量と強度を調べてみると、前記したように森林の存在など問題にならない高い値であったし、安曇川のあたりは、有名な花折断層に沿っているのだから、落ちないのが不思議なぐらいだと答えておいた。一九九三年の南九州は大変だったろう。前線性の雨と台風性の雨があんなに一地域に集中して、ほんとにお気の毒だったとしか言いようがない。

子供と自然

私は日露戦争の終わった明治末年の生まれだ。時代としては大正の平和な時代、昭和の戦争時代、平成のもう一度平和が還ってきた時代を生きてきたわけだ。ふりかえると、大正時代の小学生時代が一番よかったような気がする。

竹藪だらけ、遊び場だらけの山科村

古い京都市の東側に連なる東山をさらに東へ越えた小盆地にある、私の家のあった山科村は潰なすの「山科なす」で有名な農村で、竹藪が非常に多く、私の住んでいた厨子奥という小さな集落もすっかり竹藪に覆われていて、どこへ行くにも広い竹藪の中の細道をたどらねばならなかった。夜提灯をもって使いにやらされるのはこわかった。ちょっと小道を外れると、藪の中に迷い込んでしまい、方向すら分からなくなってしまう。しかし昼間の竹藪はたのしい子供の遊び場だった。細い竹なら切っても叱られないから、チャンバラ用の刀等はいくらでも作れた。かくれ場は昔の掘跡などがよい場所を与えてくれた。兵隊ごっこにはこの広い竹藪がよく使われたものだ。また集落も農家が多く、庭も広かったし、柿の木をはじめいろいろな家庭用の果樹が裏庭などに植えられていて、木登りはいくらでもできた。どの家の木に登ってもあまり叱られなかったし、柿の実などは年によっては食べきれないほど稔るから、どこの家の柿を取っても叱られることはなかった。スモモの木も多かったし、ナツメの木もあった。

ただこのような家庭果樹にも、いろいろな制限が昔から言い伝えられていた。たとえばビワの木は屋敷内に植えると、病人が出るとか不幸になるなどと言われていて、誰も植えなかった。

小学生は今のように宿題は多くはなかったし、予習、復習を各自で適当にやれば、皆近所の空地や竹藪に集まって、日暮まで遊んだ。

学校へは行く時は、近所の生徒が集まって上級生が引率して列を作ったが、帰りは学級ごとに仲間が何人か集まって、道草を喰うと叱られるのだが、それでも、途中の畑の中へ入ったり、時にはキウリなどを盗み喰いして見つかって叱られたりしながら帰った。時にはケンカもしたが、一方が泣き出せばそれでケリがつくことが多く、けがをさせるようなことはめったに起こらなかった。

小学生にまだ今のような洋服とか、制服とかがなかったから、「筒袖」で、膝下までしか丈のないような着物で、草履ばきだった。運動会も靴はまだなかったから、皆はだしで走ったものだ。私の家は武家だったと言うので、小学一年から「袴」をはかされた。袴をはいて通学するのは、私一人だけだったから、初めのうちははずかしく、他の子供と同じような着流しで行きたかったが、じきになれてなんとも思わなくなった。袴はなれると歩きやすかった。小学校へ入った頃、学校のすぐ側に、新しい山科川が造られ、旧安祥寺川が高い堤になって西へずっと曲り、しばしば水害を起こしたのが改修され、まっすぐに南へ流れる運河になり、四の宮川をあわせて宇治川にそそぐことになった。この山科川もできた当初はきれいな水が流れていた。

遊び場いっぱいの山科村から山科町へ、さらに京都市に編入

学校のすぐそばの小さなダムの下では水遊びをして遊んだ記憶があるが、じきにカネボウの大きな工場ができ、排水を浄化もせずに直接山科川へ大量にたれ流し出したから、残念ながら水泳などの水遊びはたちまちできなくなってしまった。

この頃から山科は少しずつ変化し始めたようだ。それは大小のいろいろな工場が山科へ進出し始めたからだ。

次は東海道線の付け換えで、工事が始まった。それは小学二年になった頃だった。それまでの東海道線は大津からトンネルで山科にぬけ、南下して山科村の南側を東西に走り、伏見へ山あいをぬって走り、伏見稲荷駅で奈良線に入って北上して京都駅へ通じていた。おそらく東山をトンネルで抜くのをきらって、東山が低くなった伏見を通るようにしたのだろう。

新線は山科の北端の山麓を東から西に通っているが、東側の大津との境の逢坂山も西側の東山もかなり長いトンネルで抜け、ほぼ直線的に大津駅と京都駅を結んだので、ぐんと早く両都市へ出られるようになった。この二つのトンネル工事は当時としては難工事で、何人もの死者を出したらしい。ト

ンネル工事も当時は人海戦術だったから、たくさんの坑夫がトンネル口近くの飯場に移って来て、私たちの同級生にも、坑夫の子供が何人もいた。父が落盤で死んだと聞いた子供もいた。その頃はトンネルから出る土を運び出して、かなり高い堤防を造り、その上を汽車が通ることになっていたが、その堤防の土盛りは雨の日は中止て、トロッコがレールの上に放置してあったので、私たちは雨の日をねらって、トロッコ遊びをしたものだ。これは危険だから、その堤防工事直下にあった、派出所の巡査が見付けると、叱りに登って来るが、悪賢い子供たちは反対側の堤防を駆け下って逃げる。そのスリルがまた面白いと言って、交番が直下に見える所でトロッコ遊びをよくしたものだ。

その頃は農薬や化学肥料などは全く用いなかったから、この工事の付近の田や畑の間を流れる野川の水もきれいで、シジミもタニシもたくさんとれたし、メダカやウグイやフナなども網やざるの類でいくらでもすくえた。トロッコ遊びがいやになれば、多少の雨をおかしてもそんな野川遊びはどこでもできた。また川の土手やその近くにはカヤや雑草の茂った原っぱもあって、放課後の遊び場所は到る所にあった。子供たちは予習や復習がすむと、日暮までこうした野外や竹藪遊びに時をすごしたものだ。時には遊びすぎて帰宅がおくれ、家からしめ出されて、門で泣いている子もあるほど、遊びが日課だった。今の子供のように、学習塾などなかったから、なにか大きな宿題でも出されて困った時は、二、三人の子供が、どこかの家へ集まって、相談するとか、父を連れて来て教えてもらうようなことはあったが、そんな時間以外は誰でもほとんど毎日野外ですごしたものだ。土曜日のように半日遊べる日は、少し遠出をして、東山にある将軍塚とか、反対側の牛尾山へドングリやクワガタなどを探しに行くこともあった。

しかしこんな子供の遊び場は私が小学校を出る頃から次第に少なくなってきた。それは山科が特に交通上、京都、大阪、神戸、大津などの隣接した都会へ以前よりかなり早く行けるようになったため、最初はそれらの都市の工場や商店関係の社長や店主の金持ちの別荘や住宅が、北部の山すその眺望のよい所に次々と造られ、次いでそれらの都市へ働きに行く人々の住宅が次第に方々の集落を囲む竹藪などが開かれて造成され、今まで農村だった山科村は人口増加とともに山科町に格上げされた。

さらに大小の工場が、国道や鉄道沿線にでき、原っぱや竹藪が次々と姿を消して行った。

そのうえ野川は汚染され、子供の遊び場は次第に狭められていった。そして農村山科は都会へと変身して、村から町に、さらに京都市に吸収されて、東山をへだてた、東山区の一部に編入されてしまった。これが戦争中までの山科の変化の大要だが、山科以外の市街地に近い農村も、同じような変化を経験しているようだ。

自然を消した高度経済成長

大体第二次大戦中までに少年時代をすごした人々には、まだ住んでいる家の付近にいろいろと、かなり豊富な自然が残っていて、川や池や原っぱや林で放課後友達をさそって遊んだり、いたずらをした経験を持っている。しかもその経験がかなり豊かだ。ところが大戦後になって、戦災の復興が進み、さらに次第に高度経済成長の時代に入ってきて、わが国が物質的に豊かになるにつれて、一方では子供たちが屋外での遊びより、屋内でラジオやテレビを楽しむほうが好きになり、テレビが発達してゲームで遊べるようになると、一層屋外の自然の中で遊ばなくなった。コマ回し、メンコ遊び、竹トンボ作り等もすっかり忘れられてしまった。その上学習塾が流行し、放課後家へ帰るとすぐ塾へ行く子供がふえてしまった。

また小川は工場排水、家庭排水ですっかりドブ川に変わり、貝も魚も、虫も見つからなくなり、その上こういった野川まで、コンクリートに囲まれて子供のよりつけない川になった。

例にあげている私の住む山科も、多かった竹藪は戦争末期に食糧増産のためと言ってすっかり伐られて、市民の野菜畑に変わったのが、戦後になると、住宅団地になり、すっかり変貌してしまった。私の家の周辺にも、私が大切にして残してきた僅かな竹藪以外には全く竹藪はなくなり、私の子供の時代十数軒の農家集落だった小さな字が五百軒を超える大集落に変わり、浦島のように道往く人も知らぬ人ばかりになってしまった。人口増加がはげしく、山科はとうとう京都市の独立した一つの区に成長してしまった。この状態を一般には発展したと言うのだろうが、はたして原住民にとってよい方向への変化だったのだろうか。

私の家は大変な旧家で、少なくとも豊臣時代あたりから、今の私の住居付近に住んで、秀吉の部下だったことが、残っている書簡類からも分かるが、戦後の農地改革で、家の田畑はすべて小作人に渡った。旧い家の裏庭で、従来は山林という地目になっていた竹藪と畑だけは取られず残った。私の所有地ではないが、現在は私が管理しているので、そのまま、竹藪を残し、柿、栗などを植えて緑地にしたいと努力しているのだが、近頃になって都市化する区域だと称して、宅地並の課税をするようになってしまった。都市になると個人持ちの緑地はいらないのだろうか。都市にはそんな緑地をすっかりなくして、家が密集していないといけないのだろうか。もし個人有の緑地が不要と言うなら、ちゃんと都市計画をして、もっと公有の公園、緑地を多く造るべきだろう。それも、ただ少しだけ、公有の小公園を造るだけではいけない。充分な緑地を市や府県が必要量だけ配置すべきだろう。そういった立派な都市計画ができた上で、個人有の土地に宅地並の課税をするなら、理解できるのだが、十分な都市計画もせず、業者まかせで、宅地の増加した山科を都市化したからと言って、かなり広い私有緑地で従来は山林であった地目をなんのことわりもなく、宅地に変えてしまい、課税だけ著しく上げてしまうのは、どうしても納得できない。また、地目が宅地に変えられた以上、莫大な税金を毎年払わされて、無理矢理に借家を建てさせられるか、業者に売らなければならなくされては、たまったものではない。ともかく、私は目下目をつぶって市から押しつけられた宅地としての税を払って、緑地を保ち続けている。所有者になっている長兄の長男には、私が税を払うから、樹を伐り倒し、竹藪を開いて、家など建ててくれるなと言っている。私が生きている間はそれでなんとかなるが、死んでしまえばもう文句のつけようもない。

隣に住む孫たちはこの緑地で虫を採り、樹に登って、柿を食べ、落ちた栗をひろって大きくなった。もう一番下が小学五年、その上は中学一年になった今では、それほど遊ばないにしても、この緑地がつぶされたら、自然と自由に遊ぶこともできなくなるだろう。

市や府県に個人有の緑地は山林並の課税に戻せと言うのだが、これは容易にきいてくれないようだ。

里山の植生を京都の景観に合ったものに

私が今一番心配しているのは、現代に生きる日本の次代を担う子供たちのことだ。

京都では平地部の自然が台なしになってしまっただけではない。京都も山科も盆地で三方は低い山にかこまれているが、これらの山はいわゆる里山で、以前平野部にもっと農地がたくさんあった。化学肥料がほとんど使われなかった頃には、これらの里山は堆肥や木灰の主な産地で、農用林と総称され、木を抜き伐りして、薪を作り、低木を刈り採って柴にし、落葉や枯枝を集めて、堆肥にしたり、燃料に用いたりして、燃やしてできた木灰は有力なカリ肥料になり、町や村から集められた人糞尿の窒素肥料と共に農業には欠かせない肥料だった。そうした里山は、マツと雑木の山に変わり、マツタケの出る山になったばかりでなく、子供たちのよい遊び場にもなったが、化学肥料ばかりが農業で使われるようになり、家庭燃料も木質燃料である薪や柴、炭が高度経済成長が始まると共に石油や電気にすっかり変わり、里山の利用が皆無になったばかりか、里山を守ってきた山麓の農地も、すっかり宅地や工場用地になってしまった。

そうなると里山の植生は、ひとりで遷移を繰り返して、しだいに、その土地の気候的極相林に近づいて行く。京都地方なら、暖温帯の極相林である常緑の広葉樹林すなわち照葉樹林のシイ、カシ類からなる森林だ。植生研究者は、用途のなくなった里山が元の気候にあった極相林に返ることを、良い

照葉樹林（京都）

こととして容認しているようだが、京都では、市街地を囲む里山が照葉樹林化すると、京都の景観がすっかり暗くなると言って反対する人が多い。京都の背景はやはり春の桜、秋の紅葉の見える、明るいアカマツ林や雑木林が良いと言う。

里山は農耕が広く行なわれ、化学肥料が使われなかった時代の二次林のままでおいておきたいと言うのだ。

そして照葉樹林はむしろ宮の森や寺の森として、里山に点々と残り、その暗さゆえに社寺の森厳さを保つためにあればよい。このような森は神の森であり、仏をまつる場所を取り巻く森であって、里山の二次林のように、人が自由に出入して、薪や柴を集めるばかりか、キノコをとったり、子供たちが遊び場として使ったりする森林ではないのだ。むしろ禁断の場所だろう。特に宮の森は神々のもので、みだりに入って荒らしては神のいかりにふれると、日本の神々はせっかく安らかに鎮座しているのを邪魔したとして怒り、罰をあてることになってしまうだろう。だからこのあたりの極相林に近い照葉樹からなる宮の森は、人が入って木を伐ったりする所ではないのだ。

「故郷の山」はやはり平野部の農耕の発展と共にできた二次林のマツと雑木の林だったと考えてよいだろう。

そしてこのような誰でも自由に遊べて、いろいろな動物も植物もすみついていて、マツタケも採れ兎狩もできる里山の雑木林は、それが植生の遷移のごく初期段階にあると言って軽視するのは、植生の上からも、樹林や樹木の多様性の上からも、してはならないことだろう。

ましてや都市化した街に続く里山の森林は本来の意義はほとんどなくなって、農耕との関係からではなく、都市の景観としての重要さ、市民のレクリエーションの場としての重要さが著しく増している点を充分に考えなくてはならないだろう。

現代の街の子供のように、放課後を学習塾通いについやしてしまったり、戸外に出ず専らテレビにかじりついてゲームをしていて、自然を介して、自然と遊びながら、友達とつき合うような遊びを一回もしたことのない子供がどんな子供に育つのだろうか、私はそれが一番心配なのだ。自然の中で、自然を遊びの手段として友達とつき合うと、もしも友達のやり方に気にくわぬことがあって、けんかになっても、自然という仲介者があると、けんかは行く所までは行かず、人にけがをさせる以前に収まってしまうのが普通だ。

自然の寛容さを子供の心の中に

人にあたる前に皆自然にうさ晴らしをする。自然の木や草は人が多少手荒いことをしても、素直にそれを受け入れて、草を倒されたり、枝を折られたりしても、べつに文句をつけたり、反抗したりはしないで、収まってしまう。そこに自然の寛容さがある。枝を折られたり、幹を強くたたかれても樹は怒らない。すべてを吸い込んでしまって、知らん顔をしていてくれる。それが子供に寛容さを教え、けんかの仲裁に入ってくれて、けんかも今日のような、恐ろしい段階に入る前に収まってしまうのが、自然を仲介しての友達との遊びではなかったかと思う。私の小学生時代にも、ものすごいあばれん坊は何人もいたが、先生の手におえないようなあくたれっ子でも現代の子供のような人殺しになるような事件は起こさなかった。皆ほどほどに仲直りしてまた一緒に遊んだものだ。私は子供時代の自然の中での遊びは、子供の一生に影響する重要なものだと思っている。

それを回復するためには、手近な自然があまりにも少なすぎる。自然公園などができても、昔の空地のように子供は自由に遊べない。いろいろな制限がありすぎるのだ。何も施設はいらない。荒地のままでよいのだ。子供がそこで自由に遊べればよい。自由に自然に手を加えてもよい自然を残してもらいたい。木が生えれば生えたでよい、草が繁ればしげったでよい。そこに子供たちが自分の好きな小屋を作ろうが、広場を作ろうが誰も文句を言わない広場がほしい。それは公共の広場がよいが、私的な個人の所有地でもよい。子供が自由に使える広場を与えて、課外、放課後の遊びの場にしてやらないと、将来の子供がまともな人間にならなくなるのではなかろうか。今私が一番心配しているのはこのことだ。

愛知県が万博で海上の森をつぶすのも、この点から見ても、きわめて恐ろしい結果を知りながらすすめている事業だと言いたい。子供の遊びの森にするなら私は両手をあげて賛成したい。そして子供をテレビや学習塾から解放してもう一度自然の子にもどしてやりたい。

もう遅いと言う人もあろうが、やればやれるのが今の時代ではないか。将来の日本の健全な発達のため、今一度みんなで考えてもらいたいものだ。

今年（一九九九年）の正月四日の京大名誉教授の集まりでも、それに引き続いて開かれた農学部の集まりでも、総長や学部長はこれから行なわれる大学の大幅な改革の話をしたが、私は農学部の会であいさつをした時、大学改革も必要だろうが、これから大学の学生になる日本の子供たちの教育が今のままでよいのだろうか。そのことをもっと真剣に考える必要があるのではないか。人殺しをするような、まともな遊びを知らない、できない子供たちが、将来学生になった時、ちゃんとした学生に育てられるのだろうか、そのほうの心配をもっとしなければならない時が来ているのではないかと言ったのだが、聞いてくれたかどうか分からなかった。

自然保護について

自然保護運動の進展

自然保護が強く叫ばれ始めたのは、一九六〇年代後半の頃ではなかっただろうか。その頃、私も森林を主に対象とした生態学的研究の重要性を痛感し、研究室をあげて、この種の研究に手を染めたごく初期のことだった。

自然保護運動のきっかけは、工業を中心とした日本の産業が盛んになるにつけ、いろいろな面から、従来豊かだった日本の自然が、都市を中心として、全く自然に対する配慮なしに到る所で開発され始めたからだった。さらに私の専攻する林学、林業でも奥地に残る自然林を未開発林という名のもとに、全国的な開発が始まり出した。戦中・戦後にかけての大量の木材需要に応じて、既開発の林業地はすでにほとんど伐りつくされていたので、奥地林へと伐採が進んでしまったのだ。

原生林保護運動

こんなことから自然保護運動の初期には、官民こぞって、原生林あるいは原生林に近い森林の保護・保全が、最大の目標になった。

都市近郊林いわゆる里山やその少し奥に位置する山村の周囲の森林は薪炭材生産のため、古くから二次林化している所が多く、その一部には、日本の林業として、つとに発達した、二、三の針葉樹種による人工植栽林もかなり広く分布していた。急峻なわが国の地形が幸いして村里から遠くはなれた奥地には、まだ原生に近い森林も各地に残存していた。

特に冷温帯の代表樹種であるブナからなる落葉広葉樹林とその上部の亜寒帯針葉樹林は、ほとんど手付かずで残存していたので、これらの地帯へ、大戦により著しく発達した土木機械による林道さえ通じれば、未開発林と言われた、原生に近い森林へは容易に伐採が入れるようになった。そして奥地林開発のための林道が、次々と計画され、実行に移された。

奥地林のこうした開発は自然保護運動を強く刺激し、自然保護運動を一層強力にしてきたと言ってもよい。そして自然保護運動の主目的を原生林保護に集中させたとも言える。

原生林保護思想が強くなった背景には、私はもう一つ原因があったと考えている。それは、戦後生態学の一分野として、わが国で盛んになったものに、植生学あるいは植物社会学の隆盛があげられるだろう。この分野では、極相林が、基本的に気候上、あるいは土地的に、到達し得る最終段階の植物群落だとした。そして里山等に多く見られる二次林の植生は極相林へ遷移する途中相とし、遷移が進めば二次林も、その個所の気候、土地に関して極相林になる。極相林が最良の、終局的に求める理想の森相だという思想が植生研究によってもたらされたと言っても過言ではないだろう。

森林の統計から見ると、こういった極相林またはそれに近い森林は、日本の森林面積の二〇％もなく、二〇％よりかなり少ないのではないかと思う。しかもそれは冷温帯のブナ林の一部と亜高山帯の針葉樹林に限られ、著しく偏在していて、広い面積を占める暖温帯林や亜熱帯林を含む、照葉樹林帯ではきわめて僅少なようだ。

これらの現実から、極相林あるいは原生林やそれに近い森林を減少させた第一の犯人は人間とその生活であることは明らかだろう。しかし、人という犯罪人がいなかったとしても、自然の森林はすべて極相もしくはそれに近い状態ではなかったのではないかと、私も最近疑い出した。それは世界各地で発生している、大規模な天然災害だ。台風、ハリケーンなどの暴風、前線性や台風などに伴う豪雨、さらに自然発生の多い山火事、豪雪による雪害や雪崩等々、気象災害は跡を断たない。火山の噴火による泥流の害もしばしば森林地帯をおそっている。新聞には直接人に関わる災害は大きく報道されるが、森林の被害などは自国以外はほとんど出していないから、くわしいことは不明だが、おそらく大きな被害が生じているだろう。もう記憶は大分うすれたが、一九五四年九月に北海道を襲った台風による風水害、いわゆる洞爺丸台風の森林被害は、ほとんど全道に及び、大雪山などの森林は見るも無惨なものだった。先年久し振りに同地をおとずれたが、すっかりダケカンバ林に変わってしまっている。もちろん林内には広くトドマツが更新しているが、旧のトドマツ林らしくなるには、なおかなりの年数がかかるだろう。風害直轄国有林当局も人工的にトドマツ林を育成しようと試みたが、寒害などでうまくは行かなかったらしい。一九九二年の台風一九号による北九州から日本海沿いの森林の破壊も決して小さなものではなかった。この場合は、北九州のスギ人工林の被害が大きく採り上げられたので、天然林被害は陰にかくれてしまったが、決して小さな害ではなかったらしい。

世界各地に絶えず生じている大きな気象災害を考えると、もともと原生林状態であった地域は、それほど大きなものではなかったのではないかと思われてくる。また広く原生林におおわれておらず、絶えず森林植生は後退して、遷移し続けていたからこそ、森林の種の多様性が保たれていたのではないかと思われもする。たとえば私が大学へ入った年である一九三四年九月に発生した第一室戸台風は京都を直撃し、比叡山から東山山系の森林に潰滅的な破壊を起こしたが、その跡地の植生調査が、何回も京都大学林学科の卒業論文に出てくる。これを通覧すると、種の多様性は、回復の初期に高く、照葉樹林が復活するにしたがって低くなっている。特に低木層の樹種は急速に減少して行くのが分かる。初期に発生した陽性の樹種は、上層林冠が耐陰度の高い、シイ、カシ類でおおわれるにしたがって消失して行くらしい。

ついでに記しておくと、こうした風水害で破壊された跡地の植生回復は、一般に言われている遷移の進行どおりにはならないようだ。

遷移（サクセッション）の法則では、裸地化した個所にはまず耐乾性を持つ陽性の植物から出現して、植生の遷移が進むに従って耐陰度の高い樹種が、その下層に発生して、逐次極相林へと移行していくというが、私の調査してきた結果では、これはよほど大面積の裸地でも出現しない限り、実際の森林の回復過程ではないことが分かった。風水害で発生した程度の広さの崩壊地では、付近の森林の生産する各種の樹種の種子はほとんど同時に裸地へ飛来し、運び込まれて定着し、発芽する。ただ陽性の樹種は初期の生長がすこぶる良いので、たちまち上層を占有してしまい、生長の遅い耐陰度の高い樹種は下層に点生、群生することになる。前記の北海道層雲峡のダケカンバ林がそれで、下層にはトドマツが、二、三メートルの高さで成立しているので、一見風害直後にカンバ林が成立した後、遅れてトドマツが侵入して来たように見えるが、根元で切って、年輪を読むと、樹齢にはほとんど差がないことが分かるだろう。私の調査したのは数少ないが、どこでもこうした見かけ上のサクセッションを示す森林の林木の各々の樹齢には差が認められなかった。たとえば南アルプスの野呂川沿いの崩壊地では、ダケカンバ、カラマツ、シラベ、コメツガがいずれも同齢だったが、最上層は、カンバ、カラマツ、下層はシラベ、コメツガになっていたし、山形県の庄内平野を流れる赤川源流地帯の地すべり地でもブナは地すべり発生初期に、ミズナラやシデ類、シラカンバなどと同時に成立していた。また北海道の十勝岳や日本アルプスの焼岳の泥流跡に成立したダケカンバ、トドマツ、あるいはダケカンバ、シラベ、コメツガ、オオシラビソ林でも、陽性のカンバと耐陰度の高いモミ属の樹種との樹齢にはほとんど差がなかった。見かけ上ダケカンバ林にツガ、モミ属の樹種が後で侵入したと思われるのは、成立後の生長速度の違いを意味しているにすぎないようだった。

多様性の維持には原生的植生の保護・保全だけでは、すまないような気がする。むしろ頻発する気象災害により生じた二次的植生をどう取り扱っていけばよいかにかかっているようだ。もちろん原生的植生に組み込まれて維持されているものもあるのは承知しているが、二次的植生で保存されているものも数多いようだ。

多様性を破壊しているのは

では、何が多様性を破壊しているかと言えば、私は次のことをあげたい。

人工植栽による一斉同齢、単純林の造成

林業の主な目的が現代の日本では木材生産にされてしまった。以前は林業のすべてが木材生産ではなかった。このため林業としては決して最良の手段、方法でない人工による単純、同齢一斉林の造成が林業の主流を占めてしまった。元来「造林」という用語は人手で樹を植えることのみを意味していない。林を造るには多様な方法があり、人工造林はそのごく一部にすぎない。

いずれにしても現行の人工造林では森林というバイオマスを増加するのには役立っても、多様性ということは完全に否定されている。

その人工造林地が現在わが国で一〇〇〇万ヘクタールに達したという。この数はわが国の森林面積の四〇%を超えるから、それだけ広い範囲で多様性が否定されたことになる。

開発による自然崩壊

このことはもう疑問の余地はない。住宅団地等が丘陵地の森林を破壊して造成される場合は、緑はどこでもほとんど残らない。一切が削り取られて、全くの裸地に変わってしまう。地価の高いことも関係して公共の緑地の面積も決して広くは残らない。そのくせ、新しい団地には「緑が丘」などといった自然の豊かさを思わせる名の所が多い。同様のもので、さらにたちの悪いのはゴルフ場だ。宅地開発と異なり緑の芝におおわれているので、程度の差はあるとしても、森林と同じ系列の光合成をする緑豊かな地域と思いがちだが、よく考えてみると、たえず芝刈機で刈込まれた芝の緑は、せいぜいその占有面積を一回おおうほどしかなく、森林はもちろん、一般草地に比べても緑被率は著しく小さい。しかも殺虫・殺菌・除草剤が多用され、芝草のみが残されるとなると、これも、多様性を全く否定したものだ。人工造林地はまだバイオマスだけは残るが、芝生ではバイオマスも残らない。

農薬の害

農薬の施用はいずれも作物のみを保護して、他の動・植物を排除しようとするものだから、生物界の多様性の維持には根本的に対立する対策だろう。たとえばある範囲のいわゆる害虫を駆除する殺虫剤が施用されて、その種の害虫が駆除されただけではすまない。その虫たちを食物にして生活する動物もまた遠からず、絶滅する運命を負わされる。私は裏庭の生物の観察をここ三〇年以上続けているが、この庭は、三〇〇〇平方メートルほどあり、竹藪や樹林は回復し、小鳥もかなり飛来するが、他の動物の種類は次第に減少してきている。たとえばモグラ等は三〇年前は方々で土を盛りあげていたが、今はいない。ハタネズミもいなくなったのではないかと思われる。ドブネズミはもう一〇年以上お目にかからない。家ネズミも今ではハツカネズミ以外はいないらしい。おそらく食物となるものが、農薬で全滅したか著しく減少してしまったのではなかろうか。

結果としてチョウセンイタチもとうとうすめなくなってしまったらしく、昨年（一九九三年）来、天井を走らなくなったし、庭でも見かけなくなった。昔よく見かけたイシガメも来なくなった。総体的に鳥やチョウのような羽根で広く行動のできるものは、まだましだが、行動範囲の狭いものはいつとはなしにいなくなってしまう。私の庭には農薬をやったことはないが、周囲の農地が農薬を使うから、いつとはなしにその影響が及んでしまうのだろう。ただ一つ理解に苦しむことがある。それは私の庭のタンポポは皆カンサイタンポポで、セイヨウタンポポが全く侵入していないことだ。一歩外へ出るとニホンタンポポは全くと言ってよいほど探せない。私の庭へどうして侵入しないのだろう。カンサイタンポポはそれほど旺盛ではないが、年々その数をふやしている。

盗み

自然界の動植物は国によって、その所属が異なるらしい。わが国では、植物はその生える地面の所有者に帰属しているようだが、動物はすべて無主物になっている。すなわち誰にも所属しないのだ。その上、植物でも所有者の監視が行きとどかないから大木でも切らぬかぎり、犯罪になることは少ない。まして林間に生える草本類や田のあぜに生える草本類になると、よほど貴重なものと認められないかぎり問題にはならないだろう。

こういう放置されたような状態では、しばしば盗みが横行する、野草や山草の栽培家がほんの僅かとるのはまだしも、商売人がとる場合は根こそぎとってしまう。クマガイソウやアツモリソウはしばしばスギ造林地などにかなり大きな群落をつくることがある。近郊の山村で知人が見つけて誰にも教えずに楽しんでいたが、ある年商売人が見つけたらしく、根こそぎやられてしまった。大分前のことになるが、能登半島の西北部に自然観察路を造ることになって調査に行った際、予定路線の側に、ギョウジャニンニクとスハマソウのかなり大きな群落があることを、掲示板に記すか否かが問題になった。こうした情報を公開するのはあたり前のことなのだが、もし公開したとすると、おそらく業者によりすっかり掘り取られてしまうだろうというのが、論題であった。その結果、公開をとりやめることになってしまった。ごく最近のことだが、ある所で稀少動物の一種のオオタカの営巣が発見されたが、自然保護団体から、何故情報を公開しないかという抗議が来た。ほんとうの自然保護団体だったら、おそらくこんな抗議はしないだろう。もの珍しく多くの人がタカの巣を視に行ったらどうなるかはよく知っているはずだし、タカの場合も業者がねらっている。捕獲してチョウセンオオタカだとだませば、高値で売買できるだろうし、剝製にしても高値で取引きできる。公表・公開などできるものではない。そっと秘密にしておくしかないのだ。

国際条約で禁止になっている生物でも、知りながら平然と取引きする業者が多い。

一〇年ほど前、京都市の林道新設問題に関係して依頼され、数年がかりで調査した京都市北部の八丁平という高層湿原があったが、驚いたことに、このあたりに多かったシャクナゲが、掘取りの困難な数本を除いて、ほとんど全部盗掘にあっていた。盗掘されたシャクナゲが、うまくその家で活着しておればまだしも、おそらく大部分が枯れているに違いない。枯らすなら盗まなければよいのだが、それをあえて盗掘するのだからたまらない。

また次のような例もあった。京大の芦生演習林産のトリカブトは無毒だといわれるが、これを実験すると言うので、某大学の薬学科の教授が採集を願い出た。これについて、演習林側もまことに軽率だったのだが、どれだけの量採集するのかも問わずに許可してしまったらしい。薬学の教授は人を雇って、演習林内にたくさんあったトリカブトを、ほとんど根絶させるほどの大量を掘り取らせ、乾燥させて送らせた。この後私は絶滅しやしないかと心配したが、方々にかろうじて残ったものが、徐々に増殖してきてはいるが、しかし昔のおもかげはなくなってしまった。実験に必要な分析にあれだけの材料がほんとうに必要だったのだろうか。私は今もって疑問視している。そして薬学の人が同じような植物採取を願い出たら、何がなんでもおことわりしたほうが良いと、演習林長へ忠告しておいた。

以上、種の多様性の維持について、思いつくままに記してみたが、今までの自然保護運動の中心課題だった原生的自然、極相的な森林植生の保護・保全だけでは、どうも種の多様性の維持はできそうにもない。もちろん、こういった最も発達した自然なしには生きられない種もかなりありそうなことは分かる。たとえばしばしば問題になるシマフクロウ、イヌワシなどの仲間やクマなどは、原生林に近い森林がないと生存はむずかしいかもしれない。

しかし原生的な自然は人手が加わらなくともこわれやすく、地球上の陸地をおおう自然の多くは二次的自然だったように思われる。そして多くの動植物はこの状態に適応して生きてきたのではなかろうか。この二次的自然の様相をさらに著しく破壊してきたのは人の生活による各種の営みだ。少し以前までの土地産業の農林業は、まだ技術的にかなりの部分が自然に従っていたから、それほど強い自然破壊にはならなかったが、規模が拡大し、ますます営利事業化すると共に、工作道具が機械化され、化学薬剤が多方面で多用されるようになって、取りかえしのつかない、種の多様性を著しく破壊する事態が生じた。皆殺し式のやり方だ。その上、人は自己の生活を重要視するあまり、有害鳥獣、雑草などという概念を勝手に決めたり、羽毛や毛皮を使うためとか、きれいな羽根をもっているからなどで、見つけしだい捕獲したりもした。これらの人の勝手なふるまいで犠牲になった動物も数多いだろう。

オリジナリティについて

もう一歩ふみ込んで文献追求を

以前からしばしばあったことかもしれないが、近頃研究論文や科学雑誌の総論を読んでいて気になることがしばしばある。

たとえばある林業関係の総説欄に私のよく知っている研究者が、これからの林業のあり方を述べているのを読むと、この論は私が随分昔に論じたことなのだがなあと思うが、私の名はどこにも出てこないし、引用文献にもない。ところが、私は自分の文献の整理が全くできていないので、それに関係する文献はとうてい探し出せない。仕方なくあきらめてしまう。しばらくして著者にたまたま会うと、先日私の記した総説の中身の主要部分は、後で分かったのですが、先生が随分昔に主張しておられたことなのですねと言う。ほんとうに後でわかったのか、知っていて自分の新しい主張にすり換えてしまったのかは知らない。腹を立てて追及するのも大人気ないので、うやむやにしてしまうことになってしまった。

もっと厚かましいのもあった。これも私のよく知っている大学の教官だが、専門書を出版して、私のほうにも一冊献本してきた。ざっと内容を調べてみたところ、森林の雪害の項は、私の以前出したものと、ほとんど同じだ。その上何から引用したとも記していない。もちろん私の名などどこにも出てこない。全部自分のオリジナルのような書き方だ。これもいささか気になったが、荒立てるのも気が進まないので、そのままにしておいた。後日、学会だったか、他の会合だったかで、同君に会ったところ、先方から君の論文を全部引用したとお礼を言われた。まさかとは思うが、私と同じように彼は林業の現場に永らくいた後、大学へ替ったからか、どうもそういった件の処理の仕方を知らないらしい様子だった。これもうやむやに終わってしまった。私も彼と同様の経歴なんだがなあ。

引用する場合には、どういう手続きが必要かは誰でも知っていると思っていたが、そうでもないらしいことが分かったわけだ。

随分以前のことだが、司馬遼太郎氏が『週刊朝日』に「街道をゆく」を連載し始めた初期の頃、淡路島の項に、私が新聞にたのまれて記した「松くい虫」の分を全文引用したいと、御自身で直接私の所へ電話して来られたことがあった。これなどは私の文だとことわり書きをしてもらえば、何もわざわざ許可をとってもらわなくても良かったのではないかと思った。しかしちゃんと直接許可をもらう電話を掛けておられる。それに比べると、上記の二件はいささか雑な話だと言わざるを得ないだろう。

また最近だが、贈られてきた園芸雑誌を拾い読みしていたら、雪国に分布する好雪性と言うか、耐雪性と言ったほうが良いか分からないが、特別な低木性で匍匐《ほふく》形に変化した樹種が、いろいろとあり、これらの雪国の特徴を持ち、雪国にしか分布しない樹種の分布南限について記しているのが目についた。これは私が言い出したことだと思っていたが、この報文には私の名が記されていない。それはなんでもないことなのだが、分布の南限を私は平均最深積雪深で五〇センチとしたが、後でこれを積雪水量で表示した人があった。この執筆者は、水量で表示した人をオリジナルだと思い込んでいるらしい。低木性、匍匐《ほふく》形で、積雪に埋もれて越冬するのは、雪圧に耐えるだけでなく、低温にさらされないためなのだから、水量表示より私は積雪の保温効果を示す保温層の厚さである積雪深表示のほうが良いと思っている。

いずれにしても雪国のこういった樹種を探して、その分布南限を示したのは私のほうが早かった。私はさらにこういった耐雪性形態の樹種から、豪雪地帯には偽の森林限界ができ、偽高山帯の存在することを、ミヤマナラの分布から立証してもいる。どうも最近の研究者は文献をいいかげんの所で追求もせずに終わるような気がする。もう少し追い求めれば、ほんとうのオリジナルにぶつかるのではなかろうか。

またこんな話がある。

ある新しい大学から助教授が留学して来たことがある。さて何をやってもらおうかという段になって、いろいろ尋ねて見ると、マツ属の遺伝的研究がしたいらしい。今となっては、すっかり古くさいものになってしまったが、当時はまだ、クロモゾームのコンストリクションが、何番目のどこにあるか程度のことも、マツ属で多くの種についてははっきりしていなかった。幸い京大演習林では、マツ属を広く集めていたので、日本産ばかりでなく、外国産マツについてもやれるので、しからば、それを片端からやって行けということになった。私はほんとうは、クロモゾームまでは全然知識らしいものはないが、幸いごく親しい先輩の教官に樹木の遺伝学者がいたので、氏に直接の指導をお願いし、快く引き受けてくれた。この助教授氏、一見無器用そうに見え、手の指なんかも武骨そうなのだが、根端細胞をおしつぶし法で展開させると、実にあざやかにやってのけ、クロモゾームのはっきり分かるスライドを作るのには驚いた。これで分かるが、小魚のようなきゃしゃな手が器用とは限らない。

彼はそれまでかなり混乱していたマツ属の類縁関係をきれいに整理して、遺伝学者にも賛同を得て学位を得、その大学の教授が停年退官後、後任者になることになったが、その際いささかトラブルが生じた。それは留学初期の頃学会誌に出した論文の二、三に、私の名が、執筆者の筆頭に書かれていたことにあった。その論文の著者が彼であることを私に証明してくれとのことである。

私は私が実際に指導している間は、論文の最後に私の名を入れることにしている。それは指導の責任を明らかにするためだ。そして、私が私の指導の必要性を認めなくなった時は本人に言って、私の名をはずすことにしている。ところが助教授氏は、昔流の大変義理がたい人物で、どうしても私の名を筆頭に入れると言ってきかないので、彼の論文であるにもかかわらず、こんな形式になってしまったのだ。おそらく学界の人たちは私が厚かましいと思っているだろう。

私の名の入った論文でも、こういう論文は決して私は私のオリジナルとは言っていないつもりだ。したがって私は大学へ帰ってからは、ほとんど全部が私のオリジナルだとは思っていない。学生に私の発想をやったことはあるが、学生の論文を自分のもののような顔をして引用したりしたことは一度もないと思っている。

木曾ヒノキ天然更新法導入の経緯

この年になると、もう自分の研究をとやかく言って、オリジナリティを主張する気はなくなってしまった。どうでもいい、自分のしたことが、何らかの貢献をしていてくれれば、それでよい。他人の仕事に変わっていても、とりもどす気力はもうなくなっている。静かに立ち去るほうが、老後のよい作法のように思われる。しかし、あまりにもひどい誤りは、やはり正しておかなければ、後々にそのまま伝わってよいとは思えぬこともある。

あえて一例をあげよう。一九三〇年頃は新しい林業の考え方として、ドイツで生態学が採り上げられ、その結果従来の人工造林法は反自然的だとして、天然更新法が森林の取り扱い方としてにわかに脚光を浴びることになり、隣邦のフランス、スイス等ばかりでなく、日本にまで、この考え方がもたらされ、まず国有林の秋田、青森営林局が、スギ、ヒバの森林の択伐天然更新を事業的に実行しはじめ、ついに南端の熊本営林局も照葉樹林の択伐を始めるようになった。長野県のヒノキ林の主要部を占めていた木曾谷を所有する御料林は、天然更新法の研究には着手していたが、容易に事業的に人工造林を放棄して、天然更新に移ることはしなかった。その理由はさだかではないが、一つは徳川家の所有から皇室所有へ移ったという古い伝統が、新しい思想になじまなかったのと、天然更新は人工造林の失敗に起因して生まれた考え方だったが、適地の広いヒノキ林の造成には、スギ林の造成ほど失敗が生じなかったことにもよるのではなかろうか。ところが、木曾谷でもヒノキ林の皆伐人工植栽に疑問を生じる事態が、昭和の初期に生まれ始めた。それは伐採が順次木曾谷の奥地に入るにしたがって、湿性ポドソル土壌が広く分布するようになり、ヒノキ林の皆伐人工造林作業が全く行なわれなくなってきたのである。この土壌では、落葉層の直ぐ下部の腐植土層に強く溶脱を受けた灰白色の土層が部厚くあり、人工植栽では、どうしても根がこの貧栄養な土層に入ることになり、全く生育不良になってしまうことで、植栽造林は不能になる。天然木はこの土層をさけて、表層に根系を分布して、薄い表層土で巧みに養分を摂って生活しているのだ。そんなことから、第二次大戦前に、それまでヒノキの人工造林一辺倒でやってきた御料林も、天然更新を考えるように方針を変えてきた。しかし全面的に人工造林から天然更新にうつる前に、あの大戦に突入し、軍需用材の配給は御料林はそれほどでもなかったのではないかと思うが、天然更新のようなめんどうな作業はおそらくできなくなってしまったと思う。

そうして戦争が終わると、御料林はなくなってしまい、すべて国有林に吸収された。

木曾福島にあった旧御料林の木曾支局の建物は木造の立派なものだったが、国有林になってからは木曾谷の大部分は新しくできた長野営林局に移ったため、しばらくしてから、営林署と林業試験場の支所が入った。そして国有林に合併されてからは戦後の木材景気で、択伐などは考えずに売れる木を切ったのではないかと思う。くわしいことは知らないが、御料林時代になかった大きな林業労働者の組合ができ、それが大きなストライキをやって、木曾谷をさわがしたことがあり、当時の局や署の主だった人々が大分やられたのをおぼえている。

しかし、問題の更新のむずかしい三浦一帯に広がる湿性ポドソル地帯は手をつけなかったのではなかろうか。

ところが一九五九年に大台風の伊勢湾台風が発生して、木曾谷は直撃され、この湿性ポドソル地帯をふくむ全地域に大災害をもたらした。裸地に近くなるほど、ヒノキの大木がすべて倒れてしまった。その結果、この湿性ポドソル地帯を中心とした風害跡の森林の更新が大きな問題になった。今まで主流としてやってきたヒノキの人工造林はこの地帯では不可能だ。そこで風害後しばらくたってから長野営林局の局長になった伊東局長が、この地域の更新問題をまともに採り上げた。そして、林業試験場や、大学の研究者を集めて、湿性ポドソル地帯の天然更新法について、意見を集めたのだが、天然更新について実際の経験のあまりない当時では、いろいろ案は出たが、これなら充分成功するというようなきわだってよい提案は出なかった。そこで、私と局長でこの会議の意見を総括して、大試験地を作り、天然更新の可能性を研究することになった。

この試験の経緯については、他にも書いたので省略したが、もう少しだけ書いておきたい。大試験地にした理由もおそらく局長と私だけしか知らないはずだ。この理由を簡明に記すと次のようなことである。今までの林業試験には一試験全体で四五〇ヘクタールなどという広大なものはなかったと思うが、こんなに大きくしたのは、林業では今までに小試験の成果を直ちに事業にうつして失敗した例がきわめて多い。どんな事業でも事業化する前には中規模の事業化試験が繰り返し行なわれるのだが、林業の場合、そういう試験を行なっていると、何十年もかかってしまって、たやすくは新しい仕事はできなくなる。やむを得ず、ごく小さな規模の試験成果をすぐ事業化して失敗を繰り返すことになる。そこで私は局長と相談して、小規模試験をやめ、成功すれば事業化してもよい大規模の試験地を最初から造ったのだ。こんな大規模の試験地を造り、試験費用をすべて国が持つのには、局長自らがやると言うので、国有林当局も赤字で困っているのに了承したわけで、一大学のA助教授のやる試験では許されるはずもないだろう。その上かなりの自信があって、この試験が成功する高い確率がない限り、そう易々と許可にはならないと考えられる。

それはこの地方に多いササの繁茂が、一番天然更新を妨げていることで、ササさえ枯殺してやれば、おそらくどんな施業法を採っても、稚樹は生えてくるだろうという自信を私はもっていて、このことも充分局長には話した。またこの大試験を行なう前に私はその話を『長野営林局報』に書いてもいるのだ。ただ、ササの枯殺剤の使用を全林野労働組合が不許可にしているので、試験実行前に労働組合を説得しなければならなかった。このことも私は長野局に行った時、局のほうで困難なら、私が直接組合と話し合ってもよいとまで申し入れたが、局の造林課長が、それは営林局自体のやる仕事で、先生に出てもらうのはおかしいということで、私は課長に一任した。結局、課長が組合と話合いをして、一回だけ、全試験地に枯殺剤をまくことが、了承され、実行された。その結果、試験地全面のササは枯れ、ヒノキの稚樹が全面的に生えてきたのだ。

この経過をいつの間にかA助教授は全部自分のやったことにしてしまった。どうしてそんなことが局内で認められたのかは知らない。後で新任の長野の局長は、大試験のできた経緯について何も知らなかったに違いない。

それにしても大学の一助教授でやれる試験ではないことくらい分かってよいと思うのに、この試験の成功を石碑に記して木曾谷に建て、試験をしたA助教授を賞賛しようとしていると聞いた。全く誤ったことを石碑に彫り、後世永く残されてはたまらないので、私は仕方なしに、この試験の経緯を林業に関する雑誌〔『随想・森林』――(財)土井林学振興会発行〕に記してしまった。決してA助教授の行為を公にして非難しようとするためではなく、誤った事実が永く伝えられぬようにするためだったが、長野営林局に直接言ったのではないので、その後、記念碑がどうなったかは、聞いていないし、これ以上文句を言うつもりもない。

A助教授は天然更新の専門家のように思われているようだが、私は同学だった関係から、これもおかしいと思っている。彼が更新に関して出した論文は皆、自分の意図で、天然更新のできるような作業を現存する森林に加え、その作業の結果、天然更新稚樹が所望する量を満たすだけ生えたという結果を出さないかぎり、自分で実行した天然更新とは言えないだろう。彼の出した論文は、たまたま生えた稚樹群を調査したものだけで、自分で森林に作業を加えた結果は一つもない。このことは、私からも彼に何度も注意を与えているのだが、彼は耳をかさなかった。そして木曾谷のヒノキ林の天然更新のササの枯殺という処理は私が私の経験から考え、局長に言って、局長がこの試験で採用したもので、決してA助教授の案ではないのだ。

この話はここらでやめておく。ともかく、私たちのオリジナリティが明らかに破られてしまったケースの一つであることは間違いないだろう。

引用した場合の著書の献本について

最後にもう一つ、これは問題になるほどのことではないが、一般には自分の著書に他人の論文を引用したりすると、その著書を引用した論文の著者に一冊ぐらいは献本するものだ。ところが、最近『鳥海山』という著書を出した秋田の人があった。この本に私の偽高山帯のことが出ているから読みなさいと、友人から言ってきたので、早速本屋に注文して取り寄せてもらった。そして著者と出版社の名と所在が分かったので、その両方へ、普通の場合は、引用した論文の筆者に出版社か著者から一冊ぐらいは献本するものだと言ってやったが、そのいずれからも献本はもちろん、ハガキ一つ返事もなかった。この引用にはあやまりはなかったが、時にはあやまった引用もあり、チェックしてもらうためにも、せめて一冊ぐらいは送ってくれるのが礼儀ではなかろうか。著作や出版の文化もしだいに変わって行くのかもしれない。

以上なんだかつまらんことを書いたような気がして仕方がないので、この中に引用した司馬さんのていねいな応対に応えて私が氏に御礼状と共に質問した室町時代の文化と文明の進歩について、歴史的環境民俗学に関係のあることを記して、締めくくっておきたいと思う。
司馬さんは、その後も私の日本の松林に関する記載がよほど気にいったらしく、なくなる直前まで書き続けられた〝この国のかたち〟にも二回も引用されている。そしてそのつどお手紙を戴き、許可を求めていられるのだが、私が一番疑問に思っていた室町時代のことをどう考えておられるかを尋ねてみた際のご返事の葉書が一枚残っている。まずそれを、ここにのせよう。

（司馬さんからの葉書）

芳翰なつかしく、室町時代のこと、当時に人工造林が出発したとのこと、またまた教わりました。素人風に考えますと、室町時代は、前時代からひきつづきおこなわれた私的な新田開発が実をむすび、想像ながら鉄製農具が安くなり、深耕なども可能になって、農業生産高が史上最高に（乱世ながら）なりました。素人風に考えますに、農民一人が何人もの非農民（武士、連歌師、商人、私度僧、物好き）を養えるようになり、つまり物を考える人々を養いうる社会になったせいかと思っています。又中国寧波港へは、近所へ行くようにして、商人、禅僧が行き、異文化交渉がさかんで、そのせいで脳細胞が大変活発になったかと思ったりしております。先生の御質問の森林生態学の面では、周知のように、スギが建材として多用され、物をつくる好奇心が旺盛になったかと愚考したりしております。まことにまことに魅力的であります。政治よりも経済が文化を生むということでしょうか。（12月14日）

室町時代の森林と林業——付論　1

室町時代は不思議な時代で、足利の政治は全くだらしなくなり、終わり頃には戦乱の国になったのに、司馬さんのハガキにある通り、食糧生産は著しく伸びて、人口収容力が大きくなり、民間によるいろいろな発明があらわれた。森林や林業に関して目立つのに、鋸の縦引きのオーガと言われる幅の広いものができ、今まで板を造るのに、割って造っていたのが、鋸引きでできるようになった。それできれいな厚みのそろった板が生産される。他方今までのヤリガンナでけずっていたのが、現在用いられる手鉋が生れ、板の表面ははるかにきれいに削れるようになった。その上鋸も鉋も引き切りの方法が開発された。

この手前へ引く時は切れたり、削れたりする鋸や鉋は日本の発明ではないかと思う。

鋸や鉋の原形はおそらく、中国大陸から渡ってきたのだろうが、中国では鋸や鉋も押し切り、押し削りで、日本のとは全く逆だ。アメリカ大陸も中国式らしい。

引き切り、引き削りは、日本以外にはなかったと思うが、それがどうも室町時代に日本式に改良され、大いに効率をあげたようだ。今の機械鋸や鉋はみな日本式だから、物を切ったり、削ったりする方法は日本式のほうが合理的らしい。

私たちがアメリカへ渡って、太平洋岸の針葉樹林地帯で、森林の生産力調査をした時、手鋸や剪定鋏などの道具は日本から持っていった。

アメリカ側もひと通り持って来たが、一緒に仕事をしたアメリカの青年たちは、両方の鋸や鋏を使ってみて、日本の鋸のほうが切りやすいことを、すぐ見付けてしまった。押し切りより、引き切りのほうがやりやすいのだ。ただ、なれない内に一本折ってしまったが、これは力の入れ方を反対にしたからで、その後は誰もアメリカ製の手鋸は使わなくなった。

こんな理屈に合った鋸や鉋を日本人が室町時代に発明したのは驚きだ。鉄の生産が増加し、今までに農器具などにあまり使われなかった鉄が、ふんだんに使われだしたこともあって、木を伐り、加工する道具が急速に発達した。これには他方で一般居家などの建築が盛んになったこともあげられよう。数寄屋造りなどという、日本独特の建築が出てきたのも室町時代だろう。

文化や文明というものは、政治よりも経済の発達に大いに関係があるのだろう。司馬さんの言うように、日本の国の当時の内戦なども、ひょっとすると政治より、経済のほうが関係していたのかもしれない。

室町時代は、もっと文化、文明の面から調べる必要がありそうだ。

「里山」の語のこと――付論 2

これでこの雑文は終わりにするが、最後にもう一つ付け加えておきたいのは、「里山」のことだ。「里山」という語は、私の発案に間違いないと思っている。私の旧友の高橋喜平君が、秋田の古い民謡にあると主張しているが、それなら国語辞典が見のがすはずはない。彼はもの知りだが、何かを間違えているようだ。もう「里山」は普通語になり、公文書にも使われていて、今さら私の発案だと言って何も主張することはない。この前もＮＨＫのラジオ放送から、発案者の私に聞くと言って電話で私に感想を言わせ、生放送してくれたが、もう私にことわらずに使うなんていうやぼったいことは言いません、意味をむちゃに拡大したり、狭小にしたりせずに、自由に使っていただきたいと思っていることを付け加えておこう。

長野営林局紀行

一九六四年八月末、機会を得て長野営林局諏訪営林署、王滝営林署、長野営林署の管内へ通算一〇日ほど調査、視察に入ることができた。

まず営林局長、経営部長、計画課長にたいへんお世話になったことの御礼を申し上げ、さらに各営林署の皆様にごめいわくをかけ、一方ならぬ御やっかいになったことのおわびと御礼を申し上げたい。

金沢山アカマツ人工造林地の生産力調査で思ったこと

諏訪営林署へ行ったのは、同署管内、金沢山国有林のアカマツ人工造林地の生産力調査が目的であった。三月、局長のおまねきで、飯田、伊那、諏訪の主としてカラマツ植栽地を視察した時、この立派な大面積のアカマツ林を見て、伐り跡へは何を植えますかと聞いたところ、カラマツですとの答に疑問を感じたのがことの起こりである。カラマツの生産力は数年前に八ケ岳山麓で調査し、一応全ぼうを知ることができたが、はたしてアカマツよりも生産量が多いだろうかと首をかしげたのである。

そこで今回の調査になった。快晴にめぐまれ、順調に測定できたし、担当区主任や地元民の絶大な協力を得たことを感謝している。

この結果は目下とりまとめ中なので、ここでは何も話せないが、御料林時代にせっかくあれだけの大森林を造成したのだから、次はアカマツの最大の特性である、たやすい天然下種更新にうつるのが本道ではなかろうか。地元民も人工植栽木より天然下種木のほうが生長がよいなどといっていた。

長野のアカマツはその後あちこちで車窓からも見たし、伊那谷にも各地に立派なアカマツ林があるのだから、アカマツの立つところはなにも強いてカラマツに変える必要もないと思う。

どうも信州の人はカラマツにとりつかれすぎているようである。

カラマツの個体の生育はたしかによい。ある期間（二〇年くらいまで）は平均して一メートルくらいの伸長はする。しかし、林分生産量は他の常緑針葉樹林にはかなりおとるようである。

近頃利用の途がひらけ、かなり良い価で売れるので、材価はアカマツに相当するといわれるが、用途がせまい。否定する人があるとしても二代目以降の造林に不安が多い。このような欠点も多いから、原野の初代造林にはよいとしても、次代からはもっと慎重に適樹を考えるべきではなかろうか。特にカラマツの火山灰土への二代目造林には疑問が多い。

木曾谷視察で見たこと感じたこと

この調査の終わりに近い頃、信大の浅田、赤井君のすすめもあり、また一九六四年七月に行なわれた木曾谷の視察旅行に私の都合で参加できなかったこともあって、王滝営林署管内のヒノキ林だけ特におねがいして視せてもらった。

木曾谷は私の旧知の谷である。大学一年の時高校の後輩二名が晩秋の御岳登山（三浦の本谷から）中、不時の猛烈な吹雪にあって遭難、行方不明になった。私たちはその直後、百間滝上流の森林限界付近にテント無しの露営を強行して、彼らをさがし、翌年もふたたび四季を通じて、捜索したので、あの付近の沢はひととおり通っている。

しかし一九三四、三五年のことだからもう三〇年前のことだ。彼ら二人は結局生死不明のままになって死体も出てこない。私は吹雪で林内へにげ込み、そこで凍死したものと思っている。木曾谷はササが深いので、夏になれば死体はササの下となり、とうてい発見できない。将来伐採がそこまで進めば、あるいは発見できるかもしれぬとあわい希望をもちつづけているが、幸か不幸か伐採はまだそこまで進んでいないようである。

そんなわけで三〇年後の木曾谷を拝見することができたのは感慨無量である。以前は上松から林鉄にたよる道が一番早い道だったように思っていたが、今回は自動車で福島から王滝へ直行する。道はけっしてよい道とはいえぬが、戦後の自動車の便利になったのは驚くばかりである。この日も上諏訪の寮から、ずっと自動車である。上諏訪、塩尻間はもう何回も通ってなじみの道。中仙道もよくなった。こうして走っていると舗装道とじゃり道の違いがすごくよく分かる。木曾路はたしかに山の中である。まだ古い板屋根の特徴のある古い家も見えるが、ちょっとした町に入ると、近頃ではどの町も全く同じに見える。商店の看板はナショナルとか見なれた看板がずらりと並んでいる。

自動車旅行はたしかに便利ではあるが、よく地図でも見ていないかぎり、どこをどう通ったのかさっぱり分からない。思い出そうとしても全く記憶にないことが多い。山はやはり歩きながらゆっくり眺めるにかぎる。

木曾路は古い記憶をたどりながらだから、めまぐるしく走り去る風景が、とぎれとぎれ目にとび込んでくるだけでも、大よそどこを走っているかが分かった。福島で梅原分場長と会し、名物そばをごちそうになってから王滝へ入る。中わずか一日の二泊三日の旅だから、行程をおって話すほどのこともないので、ここでは私の見た木曾谷について、感じたことのみ書き記そう。

時間の余裕があったので、王滝口から田の原まで御岳登山道をのぼり、森林限界まで行って来た。牧場をすぎると、村有の立派なカラマツ大面積造林地に入る。この造林地は亜高山帯と温帯山地林との境界をうめるものであろう。カラマツ造林地の下部ではウラジロモミの天然生が見られ、上部はシラベなどの亜高山針葉樹林に接している。林道は目下延長中であるが、楽々と森林限界まで登れるようになっているのは、近頃どの観光地にも共通した現象である。

人間は高い所へ登って、広い視界を求めたがるようで、馬鹿と煙は高いところへのぼるというが、馬鹿ばかりの欲求ではなさそうだ。近頃はやりのエコーラインとかスカイラインとかのドライブウェー、都市のタワーばやり、皆この人間の弱点にとり込んだものである。

亜高山帯林の更新を考える

それはともかくとして、亜高山帯の更新にはかなりの問題がある。近年ではどこでもどんな森林でも皆伐して、人工更新しようと考える。

亜高山帯林もその例にもれない。拡大造林という机上計画が至上命令として推進されてから一層この行き方がひどくなった。亜高山帯で何を植えるかとなると、これまたカラマツである。この登山道沿いの天然林は、伐採をしないとのことであったが、ここには天然生のカラマツ、国有林式にいえばテンカラがかなり入っているので、もし皆伐されたらカラマツ人工植栽地に変わるだろう。私は別にカラマツを毛嫌いするわけではないが、もしこうして人工植栽をして、成功すればよいが、不成功におわる可能性もある。しかもこうした奥地林はややもすると保育手おくれになる。陽性のカラマツの保育手遅れ林は一層みじめであろう。こんなことになるなら、略奪のそしりはまぬがれぬが、この付近の亜高山帯針葉樹林は最低伐採径級を決めて、ごく粗方な抜き伐りをやり、後を放置してもらったほうが安全であろう。なまじっか自信のない皆伐人工植栽で、元も子も失うより、そのほうがはるかにましで、早く回復した例を私はいくつか知っている。

ただ、御岳はササが林床をおおっていて、陽光が林地にとどくと、更新どころかササ地にかわる危険が多い。多少不安はあるが、抜き伐り前後にこのササを枯殺剤で処理するとよいのではないか。この方法は東大の高橋北海道演習林長が実行し、推奨しているところである。一度よく彼の意見を聞きたいと思っている。

二度の台風害で、御岳の亜高山帯林もすごくやられて著しく疎開しているところがある。この種の実験にはもって来いであろう。

現在の林道兼観光道はなお奥地へ進んでいるが、自然保護上、森林限界以上には進めないように願いたい。立山は室堂まで道をつけて、観光会社はもうけているが、あれはわが国の美しい自然の破壊であって、登山者の危険を増すものである。三千メートル級の山の残りの千メートルは少なくとも徒歩で登るべきで、歩かずに登れば、弱い人は健康を害する以外になにも得ないであろう。

それと、こうした林道がつくと、その両側は環境の激変で森林が破壊される。この例は北海道の観光地のどこにでも見られ、近くは大台ケ原生林がよい例を示している。この点に注意して林縁部の保護をしてもらいたいと思う。田の原の高山植物地帯の汚いのには驚いた。清掃をする必要があろう。

下山して、氷ケ瀬の事業所に泊り、所長に会い、いろいろと歓談した。

私の感激したのは、署長の、更新の自信のない個所は伐らぬという信念であった。

大体現在の国有林の人々は、国有林存続の意義というものをよくのみ込んでいるのだろうか。

赤字にならぬよう、伐採量を増し、しかも一番よい天然林を開発と称して皆伐するのが国有林の使命だと思っているように見うけられる。そのなかでこうした、本来の収穫の原則を強く守ろうとしている署長を見出したことだけでも、心がなごやかになるのをおぼえた。

更新に自信のない所ばかりでなく、不能の個所まで平然と伐れる近頃の山官のなかにも、まだわれわれの同志がいたのである。

次の日は久しぶりに林鉄に乗って、三浦に入った。三浦ダムは、この前に来たときにはなかった。古い道がどこにあるか、もうたずねるべくもない。

三浦湖が見えてくる頃から、区分皆伐というのか、そう広くない皆伐跡が、ヒノキ天然林と交互にあらわれてくる。

私の記憶によると、戦前の御料林は皆伐人工更新を最後までおし通していたと思う。その頃、国有林や道有林ではすでに択伐が主流になっていた。しかし、木曾の御料林もヒノキの人工造林の成績が奥地へ入るほど不良になり、ついに、択伐にふみきったのは戦争に突入してからではなかったろうか。

私が初めて入ったときにはたしか本流の左岸で集材機をつかってかなりの面積の山腹を皆伐していたと記憶する。私はここで初めて集材機にお目にかかった。今回行ってみるともうそれがどこか分からないが、もしその跡地のヒノキ造林地が立派に更新していれば、今では三〇年生くらいの林分であるはずだが、それも見当らない。あるいは湖底に大部分水没したのかもしれぬ。しかし人工造林はうまく行かなかったことはたしかである。その後の天然更新もうまく行かず、現行の小面積の区分皆伐の作業に変わったらしい。

私が三浦湖から奥を一瞥してまずほっとしたのは、予想外に伐り荒らされていなかったことである。

乱伐の原因を考える

各地の国有林の近頃の伐り方には目に余るものがある。増伐で、伐ってもうかる所がどしどし伐られては、後がどうなるであろうか。営林局では多くの技術者が綿密な計画をたてているはずであるが、ほんとに良心的な仕事をしているであろうか。どこへいっても良い気持になったことがない。見てしゃくにさわるだけである。私もこういうことに怒りを感じなければならぬ年になったのかとつくづく思う。

こうなった一つの原因は、近頃の林学者や技術家に都会育ちが多いからだろう。

戦後の学制では農山村の子弟は大学へはなかなか入れない。だから山役人の大部分は都会育ちで、山を知らない。山を心から愛する気持がない。彼らは第一、生物として森林を取り扱おうとはしない。木材が立っているとしか思わないのではなかろうか。その上、森林を多くは見ていない。中央から出張する連中で山靴をはいてリュックサックをもって、一人で山を見て歩こうとするものがどれだけいるだろうか。舗道しか通れないリュウとした身なりで出張してくる。これでは森林に愛がもてるはずはない。この愛の欠如が、乱伐の原因になる。

その上、第一線の技術者も転任だけが頭にこびりついているのではないか。これでは浮かばれないのが森林である。

さらに企業性、経済性がうんぬんされるようになってから、技術者の顔の向いている方向が違ってしまった。

彼らは都会の市場や消費者のほうばかり向いている。木材加工をやっている林産学の人たちに私はいつも言っているのだが、君らの頭はどちらをむいているのだ。年の半ばは山のほうをむいてものを考えてほしい。山に背をむけて、木材の加工をやっているだけが、林産学者や技術者ではないと。これと同じように、林業技術者も大方の人が森林に背をむけて仕事をしているとしか思えない。

先年秋田へ行って驚いたのであるが、あの美林がいつの間にかほとんどなくなって、あと一〇年はもたないというのである。

私は当時の計画課長に言った。そんなことをしたら、第一君らのめしのくい上げになる。北秋の営林署の半分以上は閉鎖しなければならなくなる。高蓄積の天然林をもっていたからこそ、あれだけ小面積の営林署がずらりと並んでいても、もっていたのだが、人工林の低蓄積林になったらどうなるのか、と。

その上、一体天然林を伐って、それが何に使われているのかよく考えてみてほしい。私たち一般民衆の手に入る秋田スギはハリマサだけで、その他の貴重材は一般民衆には無縁なのだ。天然林が一〇年分しかないから、ハリマサ用材だけ出してくれれば十分で、うんと伐り惜しんで、今の人工林材が天然木と同等の材になるまでもたさねばならない。

天然林がなくなって、人工林材だけになったら、その人工林材を誰が秋田スギといってくれるか。しかし能代の業者が納得しないという。一体、林業技術者はどちらをむいて仕事をしているのか。この場合も消費者のことばかり考えて、森林のことは一向気にならないのである。こんな状態で、一体国有林存続の目的は何だと言いたくなるほどである。

ヒノキの伐採跡地がカラマツ林に変わる

話はそれてしまったが、木曾谷はもちろんすっかり変わったともいえるが、秋田ほどには荒らされていなかった。さすがは旧御料林だとほっとしたものである。

御料林は戦争末期の強制伐採の影響が一番少なかったと思うが、その後も、木曾谷の経営がそう乱雑ではなかったのだろう。かなりの増伐はやられているとしても、まだ木曾にはヒノキが残っている。このことは私にほっとした安心感を与えてくれた。それにしても驚いたことには、ヒノキの伐跡地がカラマツにかわっていることである。信州の到る所にカラマツは見られるし、信州はカラマツ一辺倒の感はもっていたが、日本のヒノキの本場がヒノキではなく、カラマツに変わりつつあることはなんとなくギョッとすることである。これと同じ気持がしたのは秋田の仁鮒国有林であった。仁鮒といえば北秋田の天然スギの中心地である。その中心地の伐跡地の尾根筋がアカマツの天然生林に変わっているのを見た。私のいた三〇年くらい前にはアカマツなどさがしてもなかったと思っていたのだが、伐り荒らされると、ただの一回の伐採でアカマツが成立するのである。これにも驚いた。もっとも、やはりスギの本場の男鹿の伐跡地にアカマツが旺盛な侵入をしているのは知っていたのだが。

ヒノキの天然林がヒノキで更新できないなんて、ちょっと常識では考えられぬが、事実なのである。

このことは今までかなり長い年月、多くの技術者があれこれ考えて、実行され、それでもどうにもならなかった現実であり、否定されるべきものではない。ごく僅かしか見ていないから確信はもてぬが、主な直接的原因は、土壌がポドソルであることであろう。ポドソル土壌がこれだけ広く分布しているのはもちろん、多雨低温であることと、主要樹種がヒノキであることによることと思う。さらに下層植生がほとんどササ類の単純植生であることは、稚樹に直接日陰を与え、発生、生長を阻止するため、天然更新であろうと、人工更新であろうと、あいまって発生、生長をおさえることもあげられよう。また密に生えたササは、落葉落枝の流亡をおさえ、いっそうリターの堆積を増して、ポドソル化を促進しているとも考えられる。さらに低温、多雨は直接樹木の光合成に関係して生長をおさえているだろうし、尾根筋に近い所は寒風害、凹地は寒害により、稚樹の生長を阻止し、枯損をおこしているものと考えられる。

こうなると、これを施業林として経営することが非常にむずかしいことになり、私たちなどが一見しただけでどうしたら良いかを判断し、意見を言うような軽率なことができるほど生やさしいものではない。

今のところ伐跡地のカラマツ植栽がまだ一番成功していることはよく分かる。しかし、これとて、中腹以上になると急に生長がおとろえ、植えた数以下しか残っていないようである。こうなると、三浦の上半分はカラマツすらものになるとの保証はできない。

私はもう一つ上の亜高山帯林は、ごく手荒い抜き伐りをし、できたらササを枯らしてすてておいたほうがましだとの意見をもっている。ただし、強いてそこまで伐採しなければならない場合だけで、強いて伐らなくてもよい時は、風致その他の保安効果を期待して手をつけないほうがよいにきまっている。

しかし、温帯上部に属するこのヒノキ林の施業にはそんなことも言えない。

ふたたびヒノキの美林のために

私なりにいろいろなことを考えてみた。ポドソルを解消する方法として、施肥論者は施肥を考えたらしいが、ポドソル化した土は構造がすごくわるいのだから、一時的に施肥しても大したことにはならないに違いない。耕耘機で天地がえしをして、上下層土をまぜてしまってはどうだろう。これはある程度効果がありそうにも思える。しかし、上木のおおいがなくなると、稚苗が寒害や風害にやられるのだから、皆伐して全面に表土を裸出しては、土だけいくら改良しても今度は生長がおぼつかないであろう。

やはり、この種のヒノキ林も抜き伐りをして、ササを枯らし、天然更新を考えるのが常道のようである。それとも、一度陽性のカンバ林に変えてやる。それからおもむろにヒノキの侵入を待つか、カンバとヒノキの混合人工播種をして、生長の良いカンバの下でヒノキのゆっくりとした生長に期待をする、など思いつくことは多いが、ともかく、しっかりした試験区、それも〇・一ヘクタールなどというケチな試験ではなく、少なくとも一ヘクタール以上が一区になるような試験をやってみる必要がある。そう考えると、この地区にはそういったはっきりした試験地を見ない。

ともかくあらゆる知恵をしぼって、試行錯誤的な試験でもよいから、確実な試験成果をあげなければならない。伐るのはその後でよいというより、こうして確実な試験結果を待って、更新の自信のついたところで事業に進むべきであろう。そんなひまはないという人が多いが、せいてはことを仕損じる。後世に悔いをのこすことのないように望みたいものである。

三浦湖の支流には、先年の二度の台風跡が、大面積にわたっている。さし当りこれをどう処理するかが問題であろう。しかし、ひどいポドソル土を見ると、今手をつけるより、これも試験的にやってみて成果の拡大をはかったほうが良さそうで、今はそのままにして、土の変化をじっくりと調査してはどうだろう。それより、風害地に小崩壊が多い、土止めの砂防をやりながら、ともかく、更新をあわてないことである。名古屋局との境の鞍掛峠へ登ってみた。観光道路をかねた道が下呂から登って来ているが、この峠で目を見はった。王滝側でどうして更新したら良いか分からず、困りぬいているところと同じヒノキ林が、全く一望千里皆伐されているのである。こんな手荒い伐り方を名古屋局でやるとは、気でも狂っているのではなかろうか。それとも更新の自信がもてる育林技術を編み出したとでもいうのだろうか。一度聞いてみたいものである。拡大造林の最後はこんなことになりかねないのである。この責任は誰が負うのだろう。

湖畔の夜は静かであった。

翌日は朝早く出てウラジロモミの造林地を見た。風倒跡地である。ここにはカンバがさがせばかなり入っている。この調子だと土さえ良ければ、かなり希望がもてそうにも思えるが、皆伐地のヒノキ造林が、こんなに凍死して、雑木やササの高さの線より伸びないようでは、どうにもならない。やはり本腰を入れた試験をはじめるべきである。暗中模索では、この美林をこれからどう扱ってよいか分からない。われわれは木曾のヒノキをどうしても守って行かねばならないように思う。

途中の林鉄では、随分待たされたが、別に大してたいくつだとも思わず、林鉄、自動車と乗りつぎ、長途を長野へ帰った。僅かの日数では何も言えない。次に機会があればもう一度よく、名古屋、長野両局にかけて広がるヒノキの美林を調査したいものと思っている。

III　森林・環境・樹木

ブナ林の保続を考える

私が一九三七（昭和一二）年の春、最初の就職をしたのは、林野庁の秋田営林局であった。秋田に着いて辞令をもらって早々、下宿もなにも準備していないのに、その日のうちに本荘《ほんじょう》営林署へやられた。今でこそ二営林署に分かれているが、当時の本荘署は鳥海山頂から海岸のクロマツ砂防林を含む広大な面積を担当する署であった。この署にはわずかの月日しかいなかったが、造林の主査、今でいう課長をやらされた。

秋田で造林研究を始める

秋田は森林帯からいえば、温帯北部あるいは冷温帯の落葉広葉樹林帯のまっただなかに位置するといってよい。海岸は暖流が北上しているので、暖温帯の常緑広葉樹林（照葉樹林）が日本海沿いに延びていて、本荘海岸にはタブの森林が点々と分布し、男鹿《おが》半島にはヤブツバキの森があったりするし、クロマツの海岸林も造成できた。しかし、以前の海岸林はカシワとミズナラの風衝形の森林が主体で、アカマツが海岸まで進出していたらしい。

森林限界はブナ林

平野部や山すそには暖温帯性の落葉広葉樹林といわれるクヌギ、アベマキの林やケヤキの大木林も残っているが、ほんの少し山地に入ればそこは世界の北半球冷温帯特有のブナを主として、ミズナラの混じた森林が広く分布しているのである。本荘ではこのブナ林は鳥海山《ちょうかい》腹をくまなくおおっていたといってよい。山すそはいわゆる里山で、薪炭の生産のため二次林化したり、〝本荘名物・焼山のワラビ〟といわれるような、たびたびの火入れでやせたマツの疎林や採草地化した所も多かったが、少し奥地へ入るとヘクタール当り数百立方メートルにもなるブナの原生密林もあり、疎立した大木林もあった。矢島から鳥海山への道をたどると、「木境」という名の所に出る。森林限界を指しているよい名である。里山の採草地からブナ林に入り、さらに登るとブナの小径木の密林が出現して、そこで森林らしい状態が終わる。これが「木境」である。その上は地表を這うミヤマナラその他からなる低木林に変わる。

このあたりから月山《がっさん》、飯豊《いいで》などの出羽山地にある高い山には、亜高山帯の常緑針葉樹林がほとんどの山で欠如していて、森林限界はブナ林で成り立っている。つまり、標高からみて当然出現してよいオオシラビソの森林が欠如しているのであるから、この木境は真の森林限界ではなく、なんらかの環境要因に影響されて生じた偽の森林限界と考えてよく、その上部に広がる高山帯も偽の高山帯が下部には含まれていると考えてよい。これら直接日本海に面してそびえる二〇〇〇メートル前後の標高のある山の環境的な特徴は豪雪にある。亜高山帯針葉樹林の欠如の主因は、豪雪による巨大な雪圧にあると私はみている。一般に広葉樹類は雪圧に耐える性質をもっているが、概して針葉樹類は弱い。特にモミ属は幼時は別にして、生長した後、雪圧に耐える最良の方策である地面なりに這った形で冬を越すのがむつかしいらしいのである。

フランスのアルザス地方にボージュという山群があり、ドイツのシュワルツワルトとライン河谷を隔てて相対峙している。この山群は積雪量が多く、アルプス以外でスキー場が発達しているのはここだけであるというが、全山ブナとモミの混交林でおおわれている。ここもブナの丈の低い密林でおおわれている箇所が森林限界になっていて、その上は草原化し、多くの登山者が展望をほしいままにしている。もちろん、この限界付近はモミの混じっていないブナの純林にちかい林相であって、出羽山地とよく似ているように思われた。

アメリカの太平洋岸北西部はいわゆる針葉樹王国であって、冷温帯と思われる地帯にも、モミとツガの混交林が出現する。アメリカの太平洋岸は冬雨地帯（地中海気候といわれる）で、冬の半年に一〇〇〇ミリを超える大量の降水があるので、高標高地帯は一〇メートルを超える深い雪におおわれるという。ところが深い積雪にもかかわらず、亜高山帯林の針葉樹林は欠如していない。それはここに分布するモミのクローネ幅（樹冠幅）が著しくせまいことに原因があるように思える。枝が長いと積雪の沈降で下方に強く引っ張られ、枝ぬけが生じたり、幹が屈曲したり折損したりするが、ここでは枝が著しく短いので直立したまま埋雪して損傷を受けないらしい。これも豪雪による雪圧に耐える一つの生活形であろう。

話はいささかそれたが、出羽山地に属する鳥海、月山、飯豊の諸山には亜高山帯の針葉樹林を欠き、ブナが森林限界を形づくり、いわゆる偽高山帯に続いている、日本海側でも特異な豪雪地帯でありながら、低山帯にはじつにすばらしいブナの美林が当時は存在していたのである。私は京都に生まれ京都に育ったので、東北の冷温帯に住み、山を歩き、森林を見るのは、このときがはじめてであった。

その後私は、秋田営林局に転出し、造林課の試験係に加わって第二次世界大戦中期まで、管内の各地を年を通じて歩く身分になった。

豪雪の山形にて

戦後、農林省林業試験場に移ったが、森林の雪害研究を担当するため、山形北端の多雪地にある釜淵分場長を兼ね、そこで五年の歳月を過ごした。この地帯もブナ林のまっただなかであって、四季を通じてブナ林へ分け入りブナ林を眺めて過ごしたのであった。わが国の主要都市が暖温帯の常緑広葉樹（照葉樹）林帯にあり、いわゆる照葉樹林文化が日本の主流の文化であるといわれるが、人口比率は小さいといっても冷温帯の落葉樹林帯にも同様に古くから人々の集落があり生活があって、特有の文化が築きあげられていたことはたしかであろう。それは落葉樹が冬の寒さに耐えるための生活形であるのと同じように、おもに越冬する方策が中心の文化ではなかったかと思われる。

落葉樹林帯は越冬文化

山形に住んだ期間、村人の生活を見ていると、雪どけの早春の候から早くも次の冬への準備をはじめている。たとえば前年の秋伐った薪材は冬の雪どけ水で流送され、下流の村に到達する。これを乾かすと、次の冬のいろりの燃料になるわけである。南西日本の暖地はかまど中心の生活であるが、東北の雪国はいろり中心の生活になるのも別の文化のあらわれとみてよい。雪どけとともに山の植物の茎葉は急速に伸び、前年から準備していた花を咲かせる。伸びはじめた山草は、山菜として村人に採り集められ、一部は野菜の端境期の食膳をうるおすが、その大部分は塩蔵され、冬に塩出しして食べられる。ブナ林に多いキノコ類も同様である。ゼンマイのように、ゆがいて乾燥して貯蔵されるものもある。ニシンがまだ大量にとれた頃は、春の生ニシンは格好の貯蔵魚であった。各家がトロ箱で何ばいと多量に買い込み、煮たり焼いたりして食べもするが、乾したり、ぬか漬、塩漬にして冬にそなえる。秋田でも山形でも漬物の種類が多いのも、一つの雪国の文化といえよう。

山形・月山のブナ林

これらは食物文化のほんの一端であるが、厚い屋敷林におおわれた散村が多いのも防風、防雪からの発想であると思われるし、私が山形に住んだ戦後にも、山村にはまだ竪穴式住居に近い掘立て式の家があった。高床式の家より、冬は暖かいという。土間を丸太でしきって一方にわらしべを部厚く敷いて中央にほりごたつを置き、放射状に寝る。おそらく地温が補給されるからであろう。貧しいからというだけではなく、これも一種の雪国文化と考えてよいように思える。

雪どけが始まり、地面がそこここに顔を出し、小川の豊かな水が雪の下で音をたてはじめ、フキノトウがふくらみ出すと子供たちは一様に屋外へ飛び出し、終日近くの野山をかけ巡る。これを私の住んだ山形北部の釜淵では弁当ごっこといった。母に作ってもらったかわいいお弁当を風呂敷で腰に巻いて、何人かでしめし合わせて歩き回るのである。近くの山や林から子供の喚声が一日中こだまする。暗い冬の部屋から本能的に早春の太陽の光を求めるのであろう。

もう一つ、いも煮会というのがある。近所の大人や子供が一団となって、川原で、大なべにサトイモ、ニンジン、ゴボウなどに鶏肉を入れてごった煮にして食べる集りである。これも冬の太陽光線の不足を補う雪国の楽しい行事であろう。暖かい国には見られないものである。

話はおおいにそれたが、ついでにいえば、冷温帯のブナ林地帯に属する北国にもその環境が影響して生まれた独自の文化があることを忘れてはならない。日本の文化のすべてが照葉樹林帯文化ではないのである。特に生活に関係する文化は、そこの気候が大きく影響するとすれば、照葉樹林帯文化とはかなり違った落葉樹林帯文化が生まれるのも当然といえよう。

本論にもどろう。

豪雪に強いブナ

ブナを主林木としてミズナラを交えて構成される冷温帯林は、北半球の冷温帯の森林の特徴であって、北アメリカ太平洋岸のような冬雨地帯や、大陸内部の乾燥地帯を除けば、広く北半球の冷温帯をおおっているものといえる。わが国でも、冷温帯をおおっている広葉樹類では蓄積上も面積的にもブナ林が最も大きい広い森林であるが、気候上、異なる点の多い太平洋側のブナ林と日本海側のブナ林では、組成上かなりの違いが見られるほか、ブナの優占地域が広いのは、日本海気候に属する地域であることはたしかである。

太平洋側と日本海側の気候の最も大きな差違は、冬半年の気候差にあるといってよい。夏は太平洋気団が大きく発達するので、北海道の最北端部を除く日本列島の大部分は、この気団におおわれてしまい多雨温暖な気候になってしまうが、冬季になると、いわゆる西高東低型の気圧配置に変わり、北西の季節風が卓越する日が多くなる。この季節風は最近の気象衛星からの雲の写真でよく分かるように、日本海上にすじ状の雲としてあらわれ、多量の雪を日本海に直面する平野や山地に降らせる。大陸の高気圧から吹き出す風は低温乾燥風であるが、日本海を渡るあいだに海上から多量の水蒸気の補給を受けて低温湿潤風に変わり、上陸して山地を吹き越える際に雪を降らせるのである。

積雪は非常に多孔質で、多量の空気を含んでいるので良好な断熱材となり、冬季間積雪に埋ってすごす低木類や幼齢木にとっては冬の低温からよく保護されるが、他方、積雪はいろいろな形態、たとえば雪圧として、植物体のみならず、各種の構造物に力学的な作用を及ぼしている。

雪圧は大別して、積雪下に埋った物体にかかる「沈降力」と、おもに樹冠に冠雪して生じる「冠雪荷重」がある。また斜面の積雪は、地表面で徐々にではあるが、下方に滑っているし、斜面の積雪内部でも下方へ移動している。前者は積雪のグライト、後者は積雪のクリープと称し、双方の積雪の動きが、斜面上に固定される物体、たとえば立木などにより阻止されると、やはりそこに雪圧を生じる。これを総称して「積雪の移動圧」といっている。この斜面の積雪の安定が急速に破られると、「雪崩」となって大きな動力学的な力を発揮して、斜面上の物体に破壊的な作用を及ぼすことになる。

これらの積雪の発生する力については、ここでは詳しくは触れないが、大きく分けて、積雪の保温効果と、雪圧、雪崩による破壊力は多雪地の植生に大きな影響を与え、太平洋側と日本海側との森林植生の相違に対する有力な環境要因となって働いていると考えてよい。

積雪の保温効果および雪圧の影響

主として積雪の保温効果の影響とみられるものに、日本海側のブナ林下に暖温帯で高木ないし亜高木として生育している樹種が、低木性、匍匐《ほふく》形になって、侵入しているものがあることである。たとえば、ヤブツバキの近縁種としてユキツバキがあり、変種に分類されているものに、カヤの低木形としてチャボガヤ、イヌガヤの低木形としてハイイヌガヤがある。これらの樹種は、多雪な日本海気候のプラント・インディケーター（指標植物）としても用いられる。

同じ低木形の植物でも多雪地と寡雪地で種《しゅ》を異にするものも多い。たとえばわが国の林地を広くおおうササ類では、ミヤコザサやネザサの類は寡雪地に出現し、ネマガリダケやチマキザサの類は多雪地に広い分布をもつ。多雪形のササは地下茎の分布個所が浅く、寡雪形のものは深いといわれているが、多雪地は積雪により地温が零度以下にはならないことが、地下茎の分布位置を地表に近づけているおもな原因であろう。ネマガリダケは特に日本海側山地に広い分布をもつ。ネマガリダケは稈が地表に沿って匍匐《ほふく》し、夏季は梢端が立ちあがっているが、根雪により倒伏して埋雪する。上層木をなんらかの原因で失った個所や雪崩地では旺盛に生育し、地表をおおうと、一層積雪の滑落を助長し、雪崩誘発の原因をつくることにもなる。また多雪地では、ほとんどの下層木が埋雪すると匍匐《ほふく》形をとる。これは多雪への生活形としての適応であって、雪圧による加害を極小にとどめ、冬の寒冷から保護されることにもなろう。

高木形の林木も積雪から抜け出られる高さに生長するまでは、同様の匍匐《ほふく》形の生活形をとって過ごさなければならないであろう。この幼齢時における生活形をとりうるか否かが、日本海岸の多雪地に分布しうるか否かを決める大きな要件の一つになっているものと思われる。冷温帯では一般に落葉広葉樹は雪害に強く、常緑針葉樹は弱い。とくにブナは根曲りの幹の部分が三角形の断面になり匍匐《ほふく》形から直立の姿勢にうつる際、雪圧によく抵抗できるようである。高木の根元曲りは老大木になると、外見的にはほとんどわからなくなってしまう。針葉樹は一般に雪圧に弱いので、多雪地では積雪量が少なく、その移動圧の最も少ない尾根筋に分布し、中腹や谷間にはきわめて少ない。冷温帯多雪地に天然分布するキタゴヨウが尾根にかぎって、馬のたてがみのように分布するのもこの例であろう。針葉樹中最も雪圧に強いスギは山腹にも出現するが、それでも尾根筋に最も密に分布する。多雪地のスギは日本海側のブナ林内に点在、群生する唯一の常緑針葉樹といえる。

積雪地帯は伏条更新

一般に太平洋側山地に分布するスギをオモテスギ、日本海側多雪地に分布するスギをウラスギとよんで区別するが、樹形からもおおよその違いが認められる。ウラスギは葉の色が濃緑で強く内湾し、着生の角度が小さく、樹冠の梢が尖鋭で樹冠幅があまり広くない。心材の紅色のものが多い。これに対し、オモテスギは葉の色が淡緑色で、直線角で湾曲するものが少なく、着生角が広く、葉を握るとウラスギは軟らかいが、オモテスギは硬くて、手に刺さり痛い。そして樹冠の梢端が鈍形で、樹冠幅の広いものが多く、心材色に黒色に近いものが多発する。秋田杉と屋久杉を両極端として比較するとこのことがよくわかる。

さらにウラスギは伏条といわれる無性繁殖を繰り返しているので、一群のスギは一種のクローンとして認められることが多く、日本海側では実生による繁殖より、無性繁殖により成立することのほうが多いようである。

ウラスギでは匍匐《ほふく》形の低木化したスギが林内に群生しているが、これはほとんどすべて幹が雪圧により斜面に倒伏したものの枝から生じたのである。この倒伏した低木性のスギの枝のなかには地表に圧着されるものがあり、雪圧がなくなっても地表から立ちあがれない枝からは、不定根を発生するものが多く、いわゆる伏条化して、次々と無性繁殖を繰り返すことになる。こうして、一群となった伏条スギの上方がなんらかの原因で疎開し、たまたま陽光の侵入量が増加すると、低木形のスギは生長を回復して、一個体として新しく高木にまで生育していくものが生じる。これが伏条更新であって、ウラスギの繁殖にはあずかって有力な更新方法になるのである。

こうした伏条はスギには限らないらしく、日本海側のブナの更新も、ブナの伏条がおもに関与しているといわれている。ブナは伏条によるばかりでなく、実生による場合もあることはたしかである。しかし、ブナ林下に成立しているブナの前生樹は多雪地方では、一様に匍匐《ほふく》した形態をとっているので、伏条か実生かを判断することもきわめてむずかしい。

なお、太平洋側のブナ林には、スギのほかにウラジロモミ、その他の針葉樹種が混生する。

わが国のブナ林では豊作年が五、六年に一回まわってくるようで、他の年では、個体により結実するものも見受けられるが、豊作年ほど、どの個体も大量に結実することはない。豊作年の翌春には、多量の実生が林内に発生するが、残存するものはきわめて少ない、おおかたがいろいろな原因でその年のうちに消滅してしまう。実生の残存率を高めるには、適度の陽光の侵入を許すよう上木を収穫し、母樹を必要量残して、地床処理を行ない、適度な間隔で階段を造り、表土を除き、心土の裸出を行なうべきであろう。

昭和の初期、ブナ林の開発が国有林で進められた際には、上木の伐採についていろいろな作業法が提案され、実行されたが、作業法の現地適用は、それほど厳密なものではなかったようで、どこでも製板のできる良材があらかた伐られ、あばれ木のような利用に不向きなものが残る結果になってしまったようである。その後の更新状況は第二次世界大戦の期間が入るので、十分調査された例は少ないが、最近現地へ行ってみると、立派な壮齢林になっている所が多いのに気がつく。先年も白山《はくさん》(石川県)で炭焼き跡が密生したブナの幼齢林になっているのを見た。炭焼きの人はまだ生存していると聞いたので、伐採その他の作業をよく聞いておくよう大阪営林局計画課にたのんでおいた。おそらく前生樹が生長を回復したのであろう。青森営林局水沢営林署管内のブナの再生林は、もうパルプ会社が伐採を希望するほどに生長していて、あまりに立派な林分《りんぶん》(樹種、樹齢、生育状態などがほぼ同程度の、あるいは木々の間に一定の相互関係が見られる一団の林)であったので残すよう希望したが、どうなったであろう。

ブナ材の利用開発

国有のブナ林は昭和の初期に開発が始まり、各地に国営の製板所ができ、直営で伐採から運材、貯木、製材、さらに製品の直営販売所が東京と大阪にできた。腐れの早いブナ材は、水中貯木場へ梅雨以前になるべく早く送り出す。製材は狂いが多いので人工乾燥をする。製品としてはおもに腰板と床板が造られた。また曲木《まげき》の材料として優れているので、秋田南部には曲木工場が民間で稼働していた。家具工場もできたと記憶する。この頃の伐採跡地が最近、二次林として各地で再生しているのである。

ブナ材は、この利用開発前は、薪炭材としてしか利用されていなかったし、製炭するとしても巨大なブナ材からは良質の木炭はできなかったので、原生林に近い森林が昭和の初期までは、特に日本海側の山地林としては多数残っていたのである。大戦中はブナ林の利用開発までは手が出ず、直営の製板所も次々と休業したり廃止されたり、あるいは民営に移管されたりしたようであるが、永い間召集された私にはその間の事情はつまびらかではない。

戦後、私が雪害の研究のため、すすんで本場から転出した山形県最上郡釜淵（現真室川町）の林業試験場の分場の横には前の真室川営林署の製板所が残っていて、戦後は民営の合板工場に変わり、おもにブナの三ミリ合板（ブナ材を厚さ三ミリの板に切り、それを重ね合わせた積層材）を製造していた。この分場はブナの製板所に併設されたようなかっこうで、広葉樹材の利用開発の研究を中心として設立され、理水試験や造林関係の研究も行なっていた。ところが、当時東京の目黒にあった農林省林業試験場本場木材部がその充実のため、木材関係の各地にあった研究所をすべて閉鎖し、本場へ集中することになり、この分場の製材やパルプ関係は廃止となり、実験工場も解体し、関係研究者や製材工も可能なかぎり目黒へ転出していった。結果的には理水関係を含めて防災部門と造林が残り、分場の研究を続けたのである。

多雪地での「拡大造林」は無理

このあたりの奥地林は、大戦末期に木製航空機用材として、良質大径材が大量に伐られたが、それでもなお優れたブナ林分が広く残っていた。大戦後再開されたブナ林の開発はおもに製板、合板、パルプ用材として出ていったが、跡地をブナ林に返すことをせず、一部はスギ人工林、他はカラマツ人工林に変える、いわゆる拡大造林にあてられた。しかし多雪地の造林はほとんど失敗しているので、大多数は不良造林地化したのではなかろうか。

その後の経過を詳しく見ていないのではっきりしたことは言えないが、カラマツは元来多雪地に分布する樹種ではない。豪雪地といわれる積雪三メートルを超えるこの地帯では、良い人工造林地になることはまずむずかしく、多雪に最もよく耐えるスギも、地形などの影響で小群状に残ることはあっても、林分として閉鎖林分に育つことは非常に困難であろう。よほどていねいな保育作業がとられぬかぎり、ブナ林伐跡地の拡大造林はむずかしい。敗戦直後、秋田営林局では、造林の限界として平均最深積雪量三メートル線を林相図に赤線で引いて、それ以上の豪雪地では造林を見合わせてもらったが、何年かでこの取り決めは破られてしまった。私は、ブナ林は人工植栽をやめ、伐採後放置して天然でブナが更新してくるのを待ってほしいと要望し続けているものである。

京都で林政について想う

ブナの天然更新への期待

一九五五（昭和三〇）年、私は京都大学へ替わってから大阪営林局との関係が生じ、同局としてはブナの天然林が集中して多い、福井、金沢両営林署管内の施業についていろいろと意見を述べる機会が何回かあった。きわめて大ざっぱな意見として、標高九〇〇メートルぐらいまでの低山帯は肥沃地を選んで拡大造林してもよい。それ以上一二〇〇メートルまでは、あえてブナ林を伐るならば保残木作業のような作業でブナ母樹を残し、跡地はブナの天然更新を期待する。一二〇〇メートル以上の高標高地帯は禁伐とするという考え方を私は提案している。九〇〇メートル以下でも積雪の移動圧を軽減するため、等高線に沿った保残木帯を必要に応じて残すこととし、できればスギの単植えを実行することを要望した。白山山系は現在おおよそこのような考え方で施業されているようである。

しかし、九〇〇メートル線はやや高きに失するようで、白山の前山にあたる福井・石川県境に古く植林されたスギは、高度を増すと生育は著しく不良になっている。

戦後、拡大造林につごうのよい用語が出てきた。その一つはおそらく原生林あるいは原生にちかい森林をさして「老齢過熟林」とよび、もう一つはいわゆる二次林を「低質広葉樹林」とよぶことである。この両者ともそれゆえに伐採利用して、新しい有用樹種の人工林分に返すための根拠になっているわけであるが、ほんとうにそうなのかきわめてあやしいと私は思っている。

「老齢過熟林」はない

原生林もしくはそれに近い森林は、林分としては大きな気候の変換がないかぎり、動的には極限値に達したものであるが、永続するであろうことはまず間違いない。もちろん、林分内でいろいろな原因で枯死する木は時間の経過とともに生じるが、その跡はそのままで林孔として残るのではなく、次々に後継樹が成立し生長して穴埋めされる。極相的森林が林分としての生長量がゼロに近いのは、枯死木による生長の負の値が、新生林の生長の正の値で相殺されているためとみてよい。上層木に枯死木を生じることを老齢過熟とみるなら、枯損に近い個体だけ抜き伐りをして収穫すれば、それが顕在化した生長量として出てきて、それだけの蓄積の減少は天然更新で順次補てんされ、極相状態は維持されるはずである。

一般の原生林は地球上どこへ行ってもせいぜい二〇〇—三〇〇年どまりで、全林分構成木の年齢を調べるとすこぶる異齢である。ということは、林分という閉鎖状態を維持していると、孤立木や超優勢木のように一〇〇〇年をはるかに超えるまで生存できないというおきてがあるからである。この林分内の個体には生存に限度があり、永く生きられないことは、決して老齢過熟だからではない。

林分という閉鎖状態を続けると、個々の個体の生育面積が隣接木との相互関係から、自ら制限される。生育面積が制限されると、そこへ投射する光合成に必要な陽光量が制限されることになる。したがって、個体の葉量が制限され、個体の光合成量にも極限値があることになるであろう。もちろん根の量にも制限を生じる。ところが、特に個体を構成する幹の量は次第に大きくなる。すなわち、非同化部分（器官）の呼吸量は年と共に増加することになり、いつかはその収支のつりあいが破れる時期が到来するであろう。これが生理的な個体の枯死をもたらす。しかし、生理的に枯死することはおそらくまれであって、それ以前に菌害などの被害にあい、風雪等で倒れてしまう危険が増加する。

林分内個体はこうして点々と枯死し、その跡へ後継樹が成立して穴埋めをし、林分としては永続的に存在し続けるのが、天然林の常態ではなかろうか。もちろん時には台風等にあい、壊滅的な林分の崩壊が生じることもある。このような場合は、森林植生はかなり後退して陽性の広葉樹などで埋められることもあるが、成熟した土壌まで失われることはまずないので、極相への植生の進行復元はそれほど遅いものではないと考えられる。

そう考えてくると、原生林またはそれに近い森林を老齢過熟ということはできない。もしも林業で択伐を行ない、早晩枯死するような木を伐り収穫すれば、林分は原生状態に近い状態を保ちながら健全に永続するに違いない。

原生林分内の個体に点々と枯死木が生じるのは、いわゆる老齢過熟ということではなく、個々の個体が、生育空間を互いに制限しあっているからと考えたほうがよく、林分としての原生林（生態学上は極相林）は永続するもので、過熟ということは起こらない。孤立木あるいは超優勢木で連続した林冠から突出して樹冠部をそびえさせているような個体は、ほぼ自由に樹冠部を拡大できるので、光合成量と呼吸消費量との間の不均衡は容易に生じない。そのため、半永久的に生存し得、かの屋久島のスギのように何千年も生存し続ける個体

大阪南部のブナ林（天然記念物）のなかの巨大な個体

も生じる。この場合も、老齢木はあっても過熟ということはありえないであろう。

前にも触れたように、原生林分の樹齢構成は、かなり広い変動幅がある。このことは上記の個体もしくは小群内に更新が連続的に生じていることを示し、林分そのものが、除去して人為で改変してやらなければ存続しないような状態にはなっていないことを示しているといえよう。

二次林の有用広葉樹林化を

次に「低質広葉樹林」の件である。これは一般に薪炭林として用いられていた低林、二次林を指しているようであるが、たしかにこの種の二次林は薪炭以外の用途、すなわち用材林としては低質であろう。しかし、薪炭林として利用されていた時代には、むしろ良質の薪炭材を生産する専用林として育成されたもので、利用目的がなくなったからといって、良質を低質と言い換えるのはどうであろうか。薪炭としては二〇年以下の低い伐期で、手ごろの太さの良質の薪や炭が生産され、しかも伐根から萌芽という形で天然に再生する最も目的にあった優良な経済林であったのである。そして、山村民にとっても短期間で繰り返し収入のあがる森林としておおいに存在価値があり、むしろ山村のおもな収益をあげうる貴重な森林であった。燃料革命により、化石燃料が広く普及するに至って、この種の二次林の価値が低下し、収入源として依存できなくなったことは、山村からの人口流出にあずかって力があったと思われる。

もちろん、都会の工業等への人口の集中、都会のもつ青年に対する多様な魅力が山村の過疎化に大きく作用したことは確かであるが、山村における森林の不利用化は山村民の生活にとって大きな問題である。しかし、この森林を低質広葉樹林と規定して有用針葉樹の人工林に変えたところで、山村の生活には直接の影響はほとんど及ばない。なぜかといえば、造林地からの収益は数十年後にしか入らない、いわば財産的な性格が強いからである。薪炭林のように年々の収入をあげる存在ではない。間伐材が収益に結びつかない現代においては、いよいよ人工林は直接山村民の生活を支えるものにはならないのである。

先年、岩手県の北上山地の、四周を落葉広葉樹林に囲まれている一山村で、炭焼がなくなった現在一文の生活資金もこの森林からは入ってこない、なんとかならないかという質問を受けた。植林をしてはどうかという答に、そんな先のことではだめだ。それまでに年々収入が入る森林の取り扱い方はないかと問われて、返答に困ってしまったにがい経験がある。常識的にはそういった利用は、きのこの栽培になるが、これも生産をどこまで伸ばしうるかに疑問がある。そのほかにも二次林を有用広葉樹林化するいろいろな方法が考えられるべきで、低質であるという概念ではそれすらできないであろう。薪炭以外の利用法では従前通り有用化するのが本筋ではなかろうか。たとえば、家具、玩具などの木工、彫刻を考えると、ある程度は良質化はできそうである。プラスチックや金属にあきた人々にもういちど各種の木工製品を与えるのは有望なような気がするのであるが……。

さらに都会人にとっては、二次林は決して悪い自然ではない。四季を通じてむしろすばらしい自然を与えてくれる点では、原生林よりよい点も多いようである。

私の住む京都は自然が美しいといわれるが、その大部分は二次林である。古都をとりまく北山、東山、西山はすべて二次林である。その景観を住む人も訪れる人も誰もが美しい自然と思っているのである。永らく放置してあるとしても、風致保安林の名勝嵐山もこの例にもれないのである。

ブナ林は決して老齢過熟林ではないし、それから生じた二次林としての落葉広葉樹林は低質林分ではない。むしろ、これからの取り扱いは、いかにして原生林の生長量を顕在化させるか、以前良質の薪炭林であった二次林をいかにして別の用途で良質性を保っていくかにあると考えるべきであろう。

京都の緑のなかの糺の森

京都の緑

古都京都の街は、東、西と北の三方が山に囲まれていて、南に開けているが、宇治川、鴨川、桂川さらに木津川を集めて南へ流れる淀川は、大阪との府境で、古戦場として有名な山崎の天王山と石清水八幡宮のある男山の間の狭窄部で行手をはばまれるので、南を向いても開けた感じはあまりなく、四方山に囲まれた盆地と言ってもよい。また、それらの山なみは、比叡山の八百メートル以外は、すべて三、四百メートルの高さで、傾斜もゆるやかで、東山がふとんを着た寝姿にたとえられるように、すこぶるおだやかな全山緑におおわれた山々である。

鴨川の水源をなす北山は、はるか日本海岸まで続くが、いわゆる準平原で、ゆるやかな起伏が重なり、せいぜい高さ九百メートルほどの山地で、谷々には到る所に小集落があり、その集落の多くは、昔の木地師の里で、いろいろな木製品を都に供給していた。現在では手軽な山登り、川遊びのできる自然でもある。

京都下鴨神社の糺の森

京都の自然は美しいと言われ、府や市の多くの条例の前文には必ず、このことを京都のかけがえのない特徴としてあげている。

また歴史的に著名な神社、仏閣も、こうした豊かな緑に埋まり、数多い古庭園もまたその借景にこれらの山なみの緑を採り入れている。

緑の多い街としての京都に誰も疑いを持たないのであるが、近代都市として欠くことのできない都市公園は意外に少ない。運動公園は岡崎、宝が池、西京都などがあるが、いずれも緑は乏しい。緑の多い公園としては、古い円山公園ぐらいしかない。全国的に大都市の公園面積を比べても、京都は人口一人当り僅かに三・〇五平方メートルにすぎず、末端に位置している。それにもかかわらず、緑の多い、自然の豊かな街と認められているのは、上記の京都を囲む山々の緑の他に街なかや山麓の社寺の森や御所の外苑、二条城などに広い樹林があるからであろう。

京都市は最近になって、緑地の増加に意を用い、鴨川沿いや疏水端の散策路の緑地化や児童公園の造成にかなりの力をそそいでいるが、それらは街路樹同様、線や点の小面積緑化にすぎず、まとまった広さを持つ緑地はやはり、社寺林の存在にたよっていると言ってよいであろう。なかでも、糺の森(下鴨神社社叢)、御所の外苑は最も有力な存在で、いずれも都心部に広大な樹林を保っている。そして市民のいこいの場として開放されていることは、近代都市として、歴史的な自然を味わう所としても重要な意義が認められよう。

植生から見た京都の緑

京都の緑を代表する上述のような各種の森林は植生として見ると、何種類かに分けられる。三方の低い山々の緑はすべて二次林で、たびたび伐られ、絶えず利用されながら、自然力で再生したものである。大別するとアカマツ林とコナラ、クヌギ等からなる落葉広葉樹のいわゆる雑木林とである。この二種類の二次林に加え、谷間や中腹あたりの地味の良い個所にはスギ、ヒノキの植林が点在する。次に山すそに多い古い社寺林をおおう森の多くは、照葉樹林で、所によってはクロマツが植えられ、サクラ、カエデも多く、名勝になっている古い庭を持つ所も多い。気候的に見ると、京都盆地の標高五、六百メートル以下の地域は暖温帯に入り、シイ類、カシ類などの常緑広葉樹類からなる照葉樹林帯である。これらの社寺林は、古くから大切に保護されて来たものが多いので、気候的な極相林に近

京都府立植物園のクスノキの並木，戦後米軍宿舎になり荒れはてたが見事に回復した。

い植生を保っているのである。

さらに低い盆地の底にあたる市街地内の社寺林、特に糺の森や御所外苑の森には、山麓の社寺林とはかなり違った植生があらわれる。

それは最上層に、ケヤキ、エノキ、ムクノキ、アキニレなどのニレ科の落葉樹の大木がそびえ、中層以下にシイ、カシ等の照葉樹のある森林である。最上層が落葉広葉樹であるから、冬枯れ時は、もちろんきわめて明るいが、夏も照葉樹の森に比べはるかに林内は明るい。春の新緑、秋の黄葉と四季の変化に豊み、心をなごませてくれる森といえる。

ケヤキ、エノキなどのニレ科の高木が出現する地域は、生態学上は暖温帯と冷温帯の境界に近い、暖温帯側の気候内にあると考えられているので、暖温帯型の落葉広葉樹林とよばれている。その理由は、元来この地帯の夏は常緑の広葉樹が育つほど暖かいのであるが、冬になるとかなりの低温になるので、常緑樹の葉は凍害にやられることになり、年を通じて見ると常緑樹が生育できない個所が局地的に出てくることになる。

京都の街は古くから夏むし厚く、冬底冷えがするといわれている。その冬の底冷えが、暖温帯に常緑樹を育たなくしているわけである。

京都の盆地の底にあたる市街地には、気候的に見て暖温帯であるのに落葉樹が森林の最上層を占める局地的な気候が生じると考えると、糺の森や御所外苑にケヤキ、エノキなどの優占する森林が自然に生じることが理解されよう。生態学上はこのような森林を前にも触れたように暖温帯落葉樹林として区分しているのである。ニレ科のこれらの高木類は、暖温帯特有の樹類でありながら、落葉樹種であると考えてもよい。

こうした落葉樹の高木を持つ森林の内部下層には冬の寒気が緩和されるので、シイ、カシなどの常緑広葉樹が生育している。総体的に見ると、落葉、常緑の混生した森林ができ上がることになるであろう。

糺の森や御所外苑の森は、このように考察すると、一般に言われている京都特有の気候に対応したもので、特に大切に保護・保存策を講じて守って行かなければならないこともよく分かるのではないかと思う。

宮の森や寺の森は、その森厳な雰囲気を守るために、特に暗い森を維持しているのが一般である。常緑広葉樹林は、そういった関係からは社寺林として最もふさわしい。さらに暗い森にするために、スギ、ヒノキなどの常緑針葉樹が献木され、植栽されている社寺も多い。

特に日本の東北部の冷温帯の落葉樹林地帯になると、社寺林は明るくなりすぎるので、所によっては全林ことごとく、常緑針葉樹の植栽林に変わっている所もある。日光東照宮の森などはその好例であろう。

落葉広葉樹の高木層を持つ明るい、四季の変化のある森は、京都盆地特有の底冷え気候に対応するものと考えると納得できそうである。しかし、この説は私の考えたもので、おそらく異論、反論も多いことは充分承知している。

私と糺の森

私は京都生まれの京都育ちである。現在まで約九〇年の人生のうち、二〇年ほどは東北や関東で過ごしたが、残りの七〇年は京都暮らし。

小学校は東山を東に越えた小盆地の山科で終えたが、中学からは、高校、大学まで、京都へ通った。そして就職の関係で京都を離れたが、また京都大学へもどり、現在まで生家の一隅に住みついている。中学、高校、大学共に糺の森と同じ左京区に並んでいたから、この森とは無縁ではなかった。中学以来の学友が、この森の東側に住んでいたのでよく遊びに行って、この森で遊んだ。中学五年の時、新校舎が森に近い下鴨にでき、そこへ通ったので一層親しみをおぼえた。

京都の三大祭の一つである葵祭は、子供の頃から父母につれられてよく見物に行った。葵祭は御所を出て、下鴨神社の少し下流から鴨川右岸の堤防上の道を北上し、糺の森で神事があり、大休止した後再び同じ堤防上の道を上賀茂神社に到り、神事を行なって終わる。祭の行列の細部を拝観するには、列を整えて出発する直後の御所外苑が良いが、風景と共にみやびやかな行列を全体として眺めるには鴨川の左岸から対岸を通る姿が良い。鴨川の右岸の道沿いには、糺の森の主林木と同じケヤキやエノキの大木が並木としてつづき、上賀茂の橋まで見事な風景を示していて、その並木道をゆっくり進む古代の絵巻物のような行列は見ごたえがある。

糺の森では四季を通じていろいろな神事が行なわれるが、残念ながら葵祭以外は拝観したことがない。糺の森と諸神事は深い関係があると言ってよいであろう。神事をぬきにして森を考えるのも、森をぬきにして神事を見ることも、いずれも正しくはないと思ってはいるが、自然科学者の興味は自然にかたよってしまい、そこで行なわれる神事を忘れがちになる。深く自戒してはいるが、今までのところそれだけの時間の余裕がないのは悲しい。

二〇年ほど前に京都府立大学の学長になり、六年間ほとんど毎日糺の森のすぐ近くを通り、学舎の屋上からも、さほど遠くない糺の森の波打つ梢の広がりを眺めて暮らした。そしていつとはなしに、糺の森の調査や復元に関係するようになった。

府立大学の敷地のあたりも、元をただせば下鴨神社の領域だったらしく、今でも氏子の墓地が大学キャンパスに隣接してある。

糺の森はここ百年余りの間で国に上地された期間が永く、国が管理していて、この大戦後になって、神社に返還されたが、面積がかなり縮小された。その上何度かの台風を経験し、そのつど、大木や古木が倒れ、立木の数が激減してしまった。被害の大きかった時は、国でも復旧計画が作られ、植樹が行なわれてはいるが、残念なことには、前記した糺の森の特徴である落葉広葉樹が主林木であることが認められず、一般の暖温帯林としての復元が計られ、クスノキ等の照葉樹が主に植栽されて来た。こうした植栽木も今ではかなりの大きさに生長し、林内に強い日影をあちこちにつくるようになった。その上子供たちの遊び場として、また大人の散策の場として使われすぎていることもあって、落葉広葉樹の若木がほとんど育っていない。このままで推移すると、いつかは、森自体が解体してしまうであろう。

もうその限界に近づいているようにも思われる。幸い各方面の資金の援助も増し、京都府も当分年々一千万円を超える予算を出してくれるし、文化庁も市の協力を得られるらしいので、おそらく糺の森の復元は、今後順調に進むに違いない。それでも元の糺の森らしい姿にもどるのは、かなり遠い未来のことになるであろう。息の永い仕事がいよいよ始まるのである。

オリンピック・オーク

先日他の原稿で、ヨーロッパのオークを小説の翻訳家などが、カシとかカシノキ等と訳すのはおかしいと書いた。日本では常緑樹のオークがカシで落葉樹のオークはナラと呼ばれているから、ヨーロッパのオークはナラと書くべきだと言いたかったのだ。ヨーロッパにカシと呼んでもよいオークは地中海沿岸にある硬葉樹のオークだけだろう。イギリスやドイツにあるオークは皆落葉樹だから、日本語ではナラと呼ぶほうが良い。ところがもう一つ日本の落葉樹のオークに一般に良く知られているカシワという樹種がある。これは葉が広いので昔は広い葉の木を皆カシワと呼んで、食物をのせる皿として使ったらしい。その中でもにおいがよく、餅を包んだりしたオークの葉がカシワとしてよく使われ、特にその木の名になったらしい。

この木も分布は広いが、ナラとよばれるオークのように広い林を単独で造ることはあまりなく、ナラ林の中に混生して、亜高木になっていることが多いようだ。また葉が使われるため、庭園木として植えられることも多いようだ。ナラの葉は匂いが悪く餅は包めない。

ヨーロッパの落葉性のオークの林を見ると、日本のミズナラやコナラに似た、ナラ林を造ることが多いので、私はやはりカシワと呼ぶよりナラと呼んだほうが適切だと思っている。

さて本論の「オリンピック・オーク」について書こう。現在日本でこの名で呼ばれるヨーロッパ・オークは京都大学の農学部構内にある京大グラウンドの北西のトラックのすぐ外側に植えられているオーク一本しか残っていないだろう。

このオークは一九三六（昭和一一）年第一一回オリンピックがベルリンで行なわれた時、京都大学の学生だった田島直人氏が三段跳びで一六メートルという世界記録で優勝し、金メダルと共にヒットラーから鉢植えでもらったものだ。この時の優勝者には皆このオーク苗がおくられているから、他にも日本でもらった人があったのだが、皆枯れてしまったようだ。田島氏のもらったオークだけ生きながらえて、現在でも京大グラウンドの片隅で生長して大きくなった姿を残している。静岡大にいた上野実朗氏はこの木をドイツガシワと記しているが、このオークはドイツだけではなく、広くヨーロッパ全土にあるから、この呼び名もあまり賛成できない。

このオリンピックの三段跳びにはもう一人京大の原田正夫君が一緒に出場して、一五・六六メートルで二位になっている。これで三段跳びは日本の特技になったわけだ。原田君は私の中学の同級生でよく知っている。

だからこの三段跳び優勝は私の京大生時代のことだ。オリンピック・オークは日本へ持ち帰られ、田島氏から京都大学に贈られて、理学部の植物園で大切に育てられたそうだ。一時は大学の本部構内に植えられたこともあったらしいが、第二次大戦が終わって、日本が負け、米軍が日本を占領していた時代に、ヒットラーからの賜り物だから、切ってしまえと言われるかも知れないと恐れて、農学部の演習林苗畑に移植され、かくまわれていた時代もあったらしい。その間すくすくと育っていたのではなく、病虫害にやられて、枯死するかとあやぶまれたこともあったらしい。

何しろヨーロッパ内陸とは気候も土もかなり異なる所へ移植されたわけだから、保育には大変な苦労があり、農学科の果樹関係の教授や林学の教授がよく世話をした結果、ともかく生き永らえたと言えそうで、今でも虫害が最も心配されているらしい。

私はオリンピック・オークがあることは知っていたが、農学部のグラウンドに植えられていることは大学へ帰るまで知らなかった。その後、農芸化学の教授で、当時陸上部の部長だった片桐教授から、この木のことを聞き、なんとかして、子苗を造ってくれないかと依頼されて、初めてこの木と対面した。昭和三〇年代頃はまだそれほど大きな木には育っていなかったし、種子もまだ稔っていなかった。私は直接管理を頼まれていた演習林本部の苗畑主任だった吉川君にも、取り木、接木、萌芽などで子苗ができないか、種子ができるようになったら、種子でも苗がつくれるかもしれないが、このオークは一本しかないから、自家受精で種子ができるかどうか、あるいは近くにある日本の在来のナラ類との交雑で種子ができるのかが分からない心配があること等を話しておいた。

ごく最近になって、なくなった田島氏のつとめていた会社の環境関係の部門で、種子を用いて増殖しているという話を陸上部の先輩から聞いた。

種子で苗木ができるのはよいが、上述のように、純種か雑種かをＤＮＡの試験でもしてはっきりしておかなければならないだろう。またすでに根からの萌芽苗を分けてつくった苗が二本、演習林の苗畑でかなり大きくなっていることも聞いた。前記の元陸上部の部長の片桐教授はすでに故人で、約束は果せなかったが、子孫がふえているのは安心だ。

ヨーロッパの落葉性のオークには二種がある。非常によく似ていて、その分布が分かれているのではなく、混生しているようだが、くわしいことは知らない。その二種は、①Stiel Eiche（Quercus robur）と②Rot-Eiche（Quercus rubra）だ。

①の特徴は葉柄が短く、果柄が長く、葉先が皆丸いが、②の特徴はこれと全く反対で、葉柄が長く、果柄が短く、葉先が皆尖っているので、おぼえやすい。日本に田島氏が持って帰ったオークはこの二種類のヨーロッパ・ナラのうち①のStiel-Eicheだったようだ。オリンピック・オーク以外にもこれらのナラが輸入されているかもしれない。

エゾシカの捕獲問題

捕獲禁止の解除

『週刊金曜日』二二九号に「北海道型シカ保護管理計画」としてエゾシカの個体数増加による農林業への被害を減少させるための、エゾシカを現状の個体数を半減するまで捕獲する計画を建てていると報じている。同様のことは本州のニホンジカにも行なわれ始めていて、今までメスジカの捕獲が禁じられていたのを解除し、メスジカの捕獲も許すことになっている。

シカの個体数が増加していることは、もう疑う余地はなさそうだが、このようにシカの個体数が増加を続けた原因は、シカを捕食する上位のけものが、絶滅したことに大きな原因があるだろう。それは北海道ばかりではなく本州でもオオカミが、人や家畜を襲う害獣として、とうとう一九〇〇年代初期に絶滅させられたため、シカの個体数の増加、特に異常と考えられるほどの激増がおさえられなくなったと見てよいだろう。

こうなると人がオオカミの捕殺の代行をしてやらねばならない。それは狩猟によるしかない。毎年の人による狩猟数をコントロールすることによって、シカ等の大型哺乳類の現存数を一定に維持することは可能だろう。

私が山形在住当時、山形の「またぎ」に聞いた話では、クマの場合は総頭数で成獣の一〇％が年々の最多捕殺数だと言う。これくらいの捕殺を続けると、増えも減りもせずに現在の個体数が維持できるとのことで、その「またぎ」の住む朝日連峰では毎春一〇％を捕殺していて、県庁へも正しい数値を報告していると言っていた。

ただこうしたやり方は、けものの生息数を維持するための方策で、農林害獣の駆除という面とは、直接にはつながらない。農林害獣という考え方は、けものの側に立った考え方ではなく、人間の生産活動への影響だけを採り上げての考え方だ。

ところが近年有害鳥獣駆除が、鳥獣の保護より優先されることが多く、このままでは、種の保存、個体群の保存、生物の多様性の保護、人と他の生物との共生・共存等、最近言われ出した、人間を含めた生物界の状態維持問題とうまく合わないことがしばしば生じてくるようだ。

わが国の鳥獣保護は、各地の野生鳥獣の生息の多い個所にいわゆる「鳥獣保護区」を指定して、その定められた保護区内では狩猟を全面的に禁止する方法だが、この保護区設定には大きな欠点がある。それは日本全国のどの保護区にも、農林業に被害を与える場合は、捕獲を特別に許可するという但書きが必ずと言ってよいほど付いていることだ。言い換えると、鳥獣保護より、有害鳥獣の駆除が先に立つということになる。

野生鳥獣保護の危機

これでは前に触れたような、野生生物の今後の真の意味の保護は達成できなくなるだろう。さらに近年の農林業の近代化には、農林業界に大きな誤解があるように私には思えてならない。たとえば水田農業を例にあげると、稲作の近代化により、耕耘はすべて機械力により、施肥もほとんどすべてが、化学農業により、病害虫の処理も同様に化学的に行なうことになったため、人が自前の水田に出る時間が極端に少なくなってしまった。施肥や駆除その他必要のある時以外は、自分の持ち田へも出掛けない、これが近代農業だと言うのだ。その結果、農民の農業に回す時間が極端に短縮されてしまい、農業は片手間仕事になり下り、兼業農家やかあさん農業が著しく増加した。これが農業技術の進歩がもたらした水田農業の現状だろう。

滋賀県の湖東を走る東海道線の車窓から見る広大な水田には、ひと昔以前のような農民の姿はなく、人かげがほとんど見えない。水田に立っているのはサギの姿だけだ。五月のいわゆるゴールデン・ウィークの連続休日の間に、この広い湖東の水田は見事に田植えが終了する。兼業農家が多いためだろう。こうして連日誰も見巡りもしない水田で稲は生育し、予定される収量を秋にはもたらしてくれるらしい。以前のように毎日持ち田をまわって、生育の状態を直接見て、水の掛け方を調節したり、イモチ病の心配をしたりしなくとも、おそろしく不作になることもなく、よほどの悪天候でないかぎり、日本の米は充分にとれるようだ。

しかし人がほとんど出てこない水田は鳥獣にとっては絶好の餌場だ。人が出て来なければ、自分らの餌場だと思われても仕方がない。

ところが人のほうはこれを鳥獣が害鳥獣化したと思ってしまう。それで駆除を申請して、ハンターにたのんで皆殺しにしてしまう。

自分の持ち山、持ち田は毎日見回れ

私は水田が人の持ち物だと野生鳥獣に教える唯一の方法は、常にそこに人影があるということだと主張するのだが、農民側は、農民がほとんど出なくともちゃんと収穫があるのが近代農業だと主張してゆずらない。そして勝手に出て来て、田を荒らす鳥獣が悪いから、射殺するのだと言う。これでは野生鳥獣の保護などできないのではなかろうか。農林業が近代化しても、それを悪くは言わないが、少なくとも自分の持ち山や持ち田へは毎日出て見回るのが、ほんとうの農林業者だろうと、私は主張し続けている。それしか野生鳥獣に、ここは人の領分だと教える方法がないと私は考えている。

さらに去年東北地方に冷害があった時、たまたま講演のため山形北部の山間にいた私に一農民が言った言葉は忘れられない。やはり自分の持ち田を毎日見回って注意している人はあまり冷害にやられていないと言うのだ。

以前徳島の林業地に調査に入った時、ある林業家のじいさんは毎日弁当持ちで自分の山に入っている。そして夕方まで林を巡り、ちょっと技打ちしたり、つる切りをしたりして、一本一本の木のことをすべて知っている。こうすると、良い木が採れると言う。息子や孫が後を継いではくれるが、山へはほとんど出てこないので、将来はもう良材は出ないだろうとなげいていた。

さらには林業では、四〇％以上の林業地を人工林化してしまった。林業に熱心な県では六〇％を超える人工造林地を造ってしまった県もある。人工造林の初期には下草も増加し、植えた木も小さいから、けものの餌がふえ、やはり害獣が問題になるが、十数年もすると植えた木が大きくなり、林冠が閉鎖してしまうと、今度はけものの食糧になる下草は皆無となり、それ以後はけもののすめない森林になってしまう。

人工林化で野生動物は棲みかを失う

人工林は一斉、同齢の単純林だから、林冠が植栽木で閉鎖すると、下草、木は皆なくなって、僅かのシダやコケが残るだけの林に変わる。天然林や二次林と言われる自然に更新した森林とは全く別のものなのだ。最近有名な植生学者で、人工林で自然に更新した天然林と同じような森林ができると考えている人がいるのを知って驚いたことがあるが、人工林が多くなると、それだけ野生生物のすむ場所が狭められる。山の森林で生活する野生動物は、棲みかを人工林を多く造った人に奪われて仕方なく、農民といわれる人が出てこなくなった農地へ出て、そこに美味な食物がたくさんあることを知り、居を農地へ移したところ、めったに出てこない農民に鉄砲で追われ、有害鳥獣だとされてはたまったものではない。たとえその場所が鳥獣保護区であっても、稲や作物に害を与えれば殺されるような、あやしい保護区では安心して居られないのだ。人工林以外の森林は、一般に異齢で多種類の不斉林だから、多くのけものが安心してすめるが、人工林ではほとんどすめない環境が造られてしまう。人工林は木材の生産に便利なだけなのだ。

私は今の日本の生物の保護政策では、早晩行きづまってしまうだろうと考えている。

野生生物をまともに保護するためには、日本のすべての地域を保護地域とし、ハンターには、何個所かの狩猟地域を与える。農林業に対しても、今までのようにたんに有害鳥獣という認識だけで、皆殺しにするようなことを許可せず、害を少なくする工夫をいろいろと考えさせるようにしたい。以前の鳥追いのための鳴子やカガシのほうが、現在よりはるかに鳥獣と人とのよい関係が成り立っていたと思われる。

どうもわれわれ人間の生活のじゃまものは殺せという考えが蔓延しすぎているようだ。

殺菌剤、殺虫剤に始まり、人以外のじゃまものは、以前はせいぜい追い払うだけですんだものを皆殺しにし過ぎているのではなかろうか。

エゾシカの捕獲の話から、書いているうちに変な方向へ飛火したようにも思われるが、私の言いたいことはおわかりいただけるものと思う。

イネ科（禾本科）植物の稈のパルプ化について

表題のことが気になり出したのは、先頃滋賀県の環境生協が琵琶湖岸に広く生育するアシ原のアシの稈の利用法として、アシパルプ化を試みにやってみて、成功したという報告を二度も聞き、その一度では作製された未晒パルプから作られた名刺をもらったことからだった。少なくとも戦前からの五〇年余の間、私はこうしたイネ科植物から造ったパルプが企業的に成功した例は聞いていない。なかには企業化したが、いくばくもたたない間に倒産してしまった例もかなりある。

イネ科植物はパルプ化するのは木材などよりはるかに容易で、しかもかなり良質のパルプができることは、既知の事実で、何も新しいことではない。良質のパルプが製造できるので誰でも飛びつくのだが、企業化に失敗するのは別のところにいろいろと原因があったのだ。以下私の記憶に残るものを種々例示しよう。

満州での鐘紡によるアシパルプ企業化の放棄

第二次大戦前、満州国（現在の中国の東北部）ができた後だったと思うが、鐘紡が広大な同地の湿原に生えるアシに目をつけ、これのパルプ化に乗り出し、かなり大きな工場を造り、アシパルプの生産を始めたが、たしか数年後には放棄してしまった。聞くところによると、刈り採った後のアシの再生が思わしくなく、単位面積当りのアシの稈の収量が次第に減少して行き、資源的に継続できなくなったとのことだった。一時は前途有望と思われたのだが、あっけなく幕を閉じた。アシは草丈が高く、イネ科植物としては、タケの群落やチシマザサの群落に次いで、面積当りの収量が多いほうだが、森林を対象としている木材パルプに比べれば、決して多いものではない。ある規模の工場を維持するには、かなり広大なアシ原を刈り取らなければならない。そうすると、資源的に充分と計算されていても、刈り取り、集荷、貯蔵に著しい困難を伴うだろう。そこへ刈り取りによる跡地のアシの再生力が減退しては、いくら良質のパルプが実験上得られることが分かっていても、企業的には成り立たなくなってしまうのは当然だろう。

満州のアシの刈り取りが、生きたアシであったか、枯れてからであったかを失念したが、枯れた後の刈り取りであっても、アシ原の有機物をそれだけ収奪し、生態系の分解過程を遮断するわけだから、いずれ土壌のもつ養分が減少して、生産に影響を与えることになるだろうということは想像できよう。しかし工場閉鎖に追い込まれるほど、早急に収量の減退をおこしたことは、改めて調査する必要があるかもしれない。

山口県のタケパルプ工場の失敗

次は本州の山口県で起こった、タケパルプ工場の失敗だ。この工場については、タケ博士としてつとに著名だった、京都大学演習林教授故上田弘一郎名誉教授の推奨おくあたわざる工場で、しばしば私と論争したものだった。この工場は、九州地方一円、中国地方北部や四国地方北部の竹藪を資源として発足したものだったが、この地方のタケの分布から計算して、充分原料はまかなえると立案したらしい。

竹藪は普通は抜き伐りされる。その主な理由には次のことがあげられよう。その一つはタケは伸びるのは著しく早いが、完熟するには三年以上はかかり、六、七年で枯死する頃には過熟で強度が落ちる。ほど良い竹稈を収穫するには、一本一本たしかめてほど良い頃あいを見はからって伐らなければならない。また皆伐すると跡地の回復には少なくとも十数年はかかる。これでは竹藪の利用がうまく行かない。しかしパルプ原料となると、一本一本見定めて伐っていては伐採、集材の工程のスピードがあがらないことになるので、いきおい皆伐して利用することになる。一度皆伐すると、その藪は少なくとも十数年は使えない。パルプ原料を定常的に集荷する計画は、よほどうまくやらないと、何年か後には切る個所探しに苦労することになるだろう。その上タケは中空で、竹稈を運搬するとか、集積するとかには著しくかさばるが、実質量は少ない。さらに腐朽しないように貯蔵するのがむずかしい。屋内にすれば、巨大な建物と敷地が必要になるだろうし、野積みにすれば、うまく回転しないかぎり腐ったり、失火で焼けたりする恐れが多い。この点、実質的な木材とはかなり異なるだろう。結局この工場は、パルプ化以前の伐採、集荷、貯蔵の過程がうまく行かず、閉鎖されてしまった。上田教授に、おそらく失敗に終わるだろうと何度か私の心配を話したが、聞き入れられず、当時の新卒業生を説得して入社させたりもされた。駄目になってから後は、もう何も言わなかった。私も「それ見ろ」とは申し上げなかった。

同じ頃に他のかなり大きな企業が、竹パルプに乗り出そうとして、私の所へその是非を尋ねに来たことがあったが、私は種々理由を述べて、可能性のきわめて低いことを話し、その企業も独自で調査した結果、あきらめましたと言って来たのもあった。イネ科の植物はパルプ化が容易で、良質のパルプのできるところに、企業化を思い立つケースがあるらしいが、その前の段階に多くの支障が生じるのだ。

稲ワラ利用のパルプ製造のネック

次に私が大学へ帰る前、まだ山形県の北端の寒村で、林業試験場の釜渕分場長をしていた頃のことであるが、山形随一の大平野である荘内平野の稲ワラと、廃棄される米俵のパルプ化に目をつけた人が新庄市にいた。

この分場は戦中まで、製材と木材の化学的利用を中心に研究を続けていた所で、戦後しばらくしてから、これら林産部門は廃止され、本場に統合、育林や保護、理水の試験場に生まれ変わったのだが、まだいろいろな林産研究の施設が残っていた。それらの施設のなかに、簡易ソーダ法によるパルプ製造の小プラントが含まれていた。この人はそのプラントを使用させてくれと言うのだ。そこで私は稲ワラが良質のパルプになることは既知の事実で、報告書もたくさんある。今更にそんな実験を繰り返す必要もない。むしろ稲ワラのパルプ製造のネックは、稲ワラの集荷過程にあることを、かなり細部にわたり説明したのだが、彼は納得せず、ともかく実験プラントを貸してくれと言う。私はしぶしぶ承諾し、彼はその後何カ月か通ってきて、自分でワラのパルプを造った。そのあげく自信ができたと言って私の忠告を聞かず、酒田の近郊に小工場を造り、操業を始めた。何カ月か後で、元気のない彼が釜渕を訪れてきて、結局思うように集荷できず、工場を閉鎖したと言ってきた。

稲ワラも、集めるとなると、まるで空気を運ぶようなもので、方々の農家や農業倉庫を回っても、工場を充分に操業させるだけの重量は集められない。しかも集まりすぎても貯蔵に困ることになり、資源としての計算だけでは、実際にはうまく運ばないのだ。

沖縄の砂糖キビのしぼりカス「バガス」利用の厚板工場

次はパルプ化とはいささか趣きが異なるが、沖縄本島の砂糖キビのしぼりカス、「バガス」についての出来事だ。たしか一九七五（昭和五〇）年の前半のことだったと思うが、当時私は隔年に琉球大学へ講義に行っていた。講義の前後を利用して、沖縄の各地を視察していたのだが、本島北部の同大学演習林へ行った時、北部の製糖工場に立ち寄ったのだった。

ご存知だと思うが、沖縄の製糖工場は年三カ月ほどしか稼働しない。冬三カ月のキビの糖濃度が高まった時しか、しぼれないからだ。この間に生じた「バガス」は貯えられて、家畜の飼料などに販売されてはいたが、それだけでは充分に使えないので、バガスに含まれている繊維類を利用して、チップボードを造ろうと考えた。バガスを精製、加熱、圧縮して厚板にする工業は国外では、かなり古くから工業化されていることで、新しいアイディアの繊維関係の工業ではない。ただそれらの国では亜熱帯の沖縄のように年僅か三カ月しか製糖できないような状態ではなく、ほぼ年間を通じて工場は動いているから製糖とそれから生じるバガスを利用する製板工業がうまく連動する。しかし沖縄では残りの九カ月のため、バガスを貯蔵しなければならない。この貯蔵が大変なのだ。強く圧縮し梱包して積み上げてもかなり大量になり、野外に積み上げるしかない。野積みにすると、下から腐ってくるし、飛火でもしようものなら大変なことになる。この製糖工場の場合、新しい製板工場ができ、稼働させるべく、バガスを野積みにし終わった頃、おそらく製糖工場の煙突からの飛火だったろうが、野積みのバガスが燃え出し、消火活動の甲斐なくすっかり消失してしまったそうだ。その後バガス製板所はどうなったかは聞いていない。

ササのパルプ化の困難

最後にササのパルプ化のことを記しておこう。ササはわが国の森林地帯を広くおおう低木層群落だ。林業上は天然更新であろうと、人工造林であろうと、下層植生としては最もじゃまになる群落だ。先年ドイツへ行った際、バーデンビュルテンブルクの林野長官に会って、ドイツではどこでも天然更新がうまく行くのに、日本では成功した例がきわめて少ない。その理由を貴殿はどう考えるかと聞いたところ、同氏は日本の木曾谷の天然更新を視察した結果をふまえて、即座に「それはササの群落の存在だ」と答えた。それほどササが林床をおおうことは更新の支障になる。そこで林業家はササを刈り捨てるだけでなく、何らかの良い利用法はないかと考えるのが一般の成り行きだ。

まず思いつくのはササの稈をパルプ化してはどうだろうということだ。今日の滋賀県の環境生協も同様だったろうと思う。

ササのパルプ化については、林業試験場でかなり古くから研究されており、その報告書も多い。そして実施に移した例もかなりの数あるが、現在稼働しているものは全くないのではなかろうか。上にいろいろなケースをあげてイネ科植物のパルプ化の失敗について記したように、そのすべては、パルプ化がむずかしかったということではなく、その前段階の刈り取り、集荷、運搬、貯蔵、あるいは、刈り取り後の林地での再生産等が、予期通りには行かずに失敗しているのだ。

ササの場合は前記のすべてが予想外に困難で、特に再生産不良により、年々新しい伐採個所を探し求めることになり、皆失敗している。

わが国に分布するササで、収量の多いのは、なんと言っても雪国に分布するチシマザサ（ネマガリダケ）だろう。稈長二メートルを超え太く、しかも密立する。人工造林地の地ごしらえで最も困難なのはこのササの処理だ。私も若い時代、鳥海山麓のブナ林伐採跡で体験したが、普通の地ごしらえの少なくとも一〇倍の労働力を要する。これが何かに使えないかということは誰もが考えることだが、現在世界の主流になっている木材パルプすなわち高木材と比べると、このサザの中でも蓄積最大のチシマザサですら単位面積当りの収量にすれば、問題なく著しく少ない。したがってある規模のパルプ工場（もちろん木材パルプ工場より著しく規模の小さいもの）を動かすとなると、刈り取り面積は広くならざるを得ないし、その刈り跡のササの再生力が小さければ、年を重ねると共に刈り取り個所を求めるのが困難となる。

アシパルプ化について環境生協への忠告

アシの場合は枯れた稈だけを刈り取るのだから、生態系には大した影響はないように見えるが、年々生産された有機物を取り去ることは、くわしく考察すれば、土へ還元される有機物を系外に持ち出すわけだから、やはり生態系の物質循環には影響を与えていることになるだろう。森林の場合でも皆伐、再造林を繰り返すと、毎回の生産力は二〇％程度低下すると言われている。

以前のアシ原の利用法だったヨシズ造り等が、どういう方法で、アシ原からアシの稈を収穫していたかを、もう一度くわしく調査する必要があろう。おそらく皆伐式の刈り取りはしていなかったのではなかろうか。

さらに近年では、現存するアシ原が徐々に減退して行くことが知られている。減退したアシ原は密立した群落としてのアシ原が、しだいに解体していって、まばらな株立ちのアシ原に変わり、ついには、そのばらばらの株も消滅すると言う。

この状況は今日、ラムサール条約で保存が決まったと言われる宮城県の伊豆沼でも生じていた。くわしく観察しないと断定できないのだが、湖や沼の環境を考えると、どこでも周辺が水田を主にした農地で湖沼の水質汚濁がかなり進んでいると言う。アシ原の消滅の原因として、私には水田に施用される農薬が思い浮かんだ。特に除草剤が元凶のような気がした。灌排水路を分離した現在のシステムの水田からは、かなり多量の化学肥料や農薬が流出しているのではなかろうか。

これでは失われたアシ原は植えればよいという、普通の考え方もおそらく困難を極めるだろう。

「植えればよい」という考え方は、いろいろな面で出て来ている。稀少植物の増殖ばかりでなく、動物でも、植えればよい、飼育してふやせばよいという考えが、方々に出ている。しかしうまく行く例はきわめて少ない。私はこれを、「山草の会症候群」あるいは「動物園症候群」と呼びたい。改めて精査する必要があろう。

こんなことを私は滋賀県の環境生協にも、老婆心から手紙で伝えたが、全く反応がなかった。おそらくせっかくの良いアイディアに水をさしたととられているだろうが、私にはそんな考えは全くない。私の長い間の経験を話したかったのだ。

イネ科植物の稈のパルプ化には、パルプ化そのものではない、多様なトラブルが非常にたくさんあることだけは、心にとめておいていただきたい。

（追記）　最近の新聞に中国で古くから家内工業的に造られていた竹を原料にした淡黄色の「竹紙」

の記事があったが、近頃ではどこでも作られなくなり、絶滅しそうだとあった。原因は記していなかったようだが、やはり引き合わなくなったのではなかろうか。

都市の自然

日本の都市の自然環境については、すでに多くの人が論じているので、私がことさらに言及することもないとも思うが、あえて私なりの考え方をここに述べておきたいと思って筆を執った。

西欧ではつとに発達した、散策や休養を主目的にした都市公園が発達していて、都市の自然環境の主要部分を造っているが、日本の都市では、都市の規模は西欧以上に発達したにもかかわらず、こうした自然公園の発達は、ようやく最近になって始まったばかりと言ってよいだろう。その上、最近できる新しい都市公園の多くは、自然を主にしたものでなく、いわゆる「運動公園」で、公園内の緑地はきわめて少なく、その少ない緑地にも芝生は多いが、樹林はさらにきわめて少ない。現在の日本の主な都市の樹林の多い緑地は、周囲にある低山帯の山地林と市街地に残る社寺林などであると言ってもよいと思われる。

私の住む京都もその例にもれず、市街を囲む東山、西山、北山の緑と、市街地に残る御所や糺《ただす》の森などの社寺林が主力である。

都市の自然環境は都市美としてはたらくばかりでなく、市民の憩いの場であり散策の場でもある。

古都京都などでは、古い社寺と共に観光の対象にもなり、多くの内外の観光客を集めるのにも役立っている。

こうした都市の自然環境を造っている森林の大部分は「二次林」と言われる、天然林であってもしばしば人手が加わって生じたもので、原生林のような人手がほとんど加わっていない森林ではないといってよい。特に都市に近い丘陵や山地の森林は「里山」と呼ばれるように、以前は農用林であって、平野部の農家が、農業を営む上に必要な肥料を造るための森林であった。里山は農家の裏山であって、そこからは、落葉や枯枝が集められ、柴や薪が伐られ、そのまま堆肥の原料になったり、いろりやかまどで燃料として使われた上、生じた木灰は大切に灰小屋に貯えられて、有力なカリ肥料として農地に施用され続けた。このため里山はしだいにやせていって、現在の日本各地に見られる、アカマツ林とクヌギやナラの雑木林に変わった。そのアカマツと雑木の林が、都市化した後も、都市の自然環境として、広く日本の都市近郊に分布しているのである。

社寺林も大方は二次林であるが、なかには原生林に近い林相を保っているものや、針葉樹の植林になったものもある。

元来、社の森林は神そのものか、神の住居であって、人々がたやすく中へ入って樹を伐ったりできない禁断の場所であったが、都市化すると共に面積が縮小されたり、樹も伐られたりするようになった。このように都市の自然環境の大半は二次林で、アカマツ林や雑木林に変わってはいるが、現代の農業では肥料のすべてを化学肥料に依存し、堆肥もほとんど使わなくなって、里山の森林は無用の存在になった。もちろん、燃料としての薪や柴の利用も電気やガスに代わって皆無の状態になった。その上都市化が進むと、近郊の農地も宅地に変わり、肥料や燃料を里山に求めた農家までなくなって、里山の今までの用途はすっかり変わり、都市の自然環境だけになってしまった。

アカマツ林や雑木林は農用林として、たえず人手が加わっていたので、現状のような森林植生が遷移の初期の段階のアカマツ林や雑木林の状態で維持できたのであるが、農家から見捨てられ放置されると、植生はしだいに「極相林」と言われる原生林に近い状態へと移り変わって行く。

京都付近は暖温帯林地帯であるから、しだいに照葉樹林化して、常緑のシイ、カシ林へと変わって行く。植生を研究対象としている生態学者には、都市の景観を形成する二次林がしだいに極相林に近づく遷移を、望ましい方向への自然環境の変化であると思っている者が多い。これは自然度が高いとされる極相林（そこの気候で最も発達した植生）あるいは原生林が自然環境としては最良だと思い込んでいるからだろう。

しかし京都を例にとると、市民は三方の山なみが、シイ、カシ等の常緑広葉樹からなる照葉樹に変わってしまうことを、決して良い環境への変化とは思っていないようである。

照葉樹林よりも現状のアカマツ林や雑木林のほうが明るく、春にはサクラ、秋には紅葉を楽しめ、きのこ狩りにも、子供の遊び場にもなる、都市の緑地だと感じている人が多い。またありふれてどこの里山にも求められる、こうした二次林には、現在問題になっている、生物界の希少種のかなりの部分が生育していることも分かってきて、生物の多様性の維持には是非残されなければならない植生でもある。また人間社会と他の生物との共生を最も強く問題にしなければならない緑地でもあり、私たちはアカマツ林や雑木林を大切にして維持する工夫を考える必要が大いにあるようである。

しかし、わが国ではまだ都市の発展のためには、こうした緑地を開発しようとする場合が多く、時には、法を無視しての開発が生じている。その上、アカマツ林には強敵のマツクイムシの害にも目下防除法が確立できていないし、植生の遷移をとめるための人為の加え方にも良策がないのは甚だ残念である。

森林と孤立木

私はもう老人になりましたので、公の仕事からは手を引こうと思って、すでに京都府の文化財の委員はやめましたが、まだ幾つかの自然保護関係の仕事が残っています。そのなかに、文化庁の天然記念物の保護が二つあります。

その一つに和泉葛城山ブナ林保護増殖があります。この課題の研究調査はすでに終わり、目下増殖実行の段階なのですが、幸い四年ほど前に大豊作が巡ってきて、天然更新ができるようになったばかりでなく、その種子を集めて、近くの苗畑で養苗して、できた苗木をうまく更新しなかった個所や、この保護区の外側にバッハーゾーンとして、大阪府が新たに取得してくれた四〇ヘクタールほどの林地にも植栽することにして、稚樹の増殖がうまく運ぶようになってきています。このことはそれでよいのですが、最近次のような問題が出て来ましたので、このことは単にブナ林の保護にかかわることではなく、広く森林の保護を考える上で、かなり重要なことだと考えられます。

その問題は次のようなことです。

この天然記念物になっているブナ林内に一本、ブナとして最大に近い生長をした太い個体がありま

舞子の松原　このあたりはすべて若い苗木から育ったものだ

す。この樹はかなり老木らしいのですが、それが近頃弱ってきているように見受けられるので、樹医にたのんで診断してもらい、樹勢を回復するようにしようという提案です。

これだけのことだと、別に問題はなく、大変気のきいた提案のように見えます。巨大なブナの樹を助けて一日でも長く生き続けさせてやりたいということが何故問題になるのでしょう。

それは樹の一個体の存命を計ることと、森林と言われる個体群を永続させることとが、うまくかみあわないからです。

このことについてはすでに先年「舞子の松原」の現状報告で記したことと同じことなのですが、舞子の松原の場合は当時の知事が、松原にある老大木を枯らすなと言ったとのことで、県の関係者がいろいろと努力したが、どうしても次々と枯れて行くので私の所へ延命策を尋ねに来られたのですが、老木の延命にこだわり続けていると、森林としての松原の永続が忘れられてしまう。そこで私は、森林を構成する老木はいずれ死んで行く運命にあるので、それにこだわらず、森林としての後継樹の若木をできるだけたくさん植えることを提案して、それを実行してもらったのです。案の定それから三十数年もたった現在、老木はほとんどなくなり、あの時植えてもらった若木が育って、元気旺盛な舞子の松原が続いているわけです。ブナ林の場合も同様で、今この老大木一本を保護し、元気にしたからといって、ブナ林が永続することにはならないのです。必要なのは後継樹の若木です。老木が枯れても、後を継いでくれる稚樹がたくさん生えていてくれれば、森林としてのブナ林は存続するわけです。ですから林分としてある広さの森林を存続するのに必要なのは、後継樹の量とその分布です。

森林という集団では、大木になった個体は、一般には隣接木にさえぎられて、その個体の枝葉を自由にのばすことができず、ある空間しか与えられず、その中で生活しなければならないので、早晩、光合成量と呼吸消費量との釣合いが破れて、衰弱枯死する運命にある。その代わり、後には若木が成立して、成長して、老個体がなくなっても、森林は永続するのが、樹木集団としての森林です。

繰り返し言うようですが、老個体の存続に意を用いるより、後継樹の成立に意を用いるのが、森林の保続には必要なのですが、往々にして、混同されて、林地の一個体の存続に努力がいってしまって、必要な後継樹のことを忘れてしまうことがあります。

以上の話に関連したことですが、森林状をしている樹木集団では、上層木の層で、個体が相互に他の樹の占有空間を制限することになり、多少の大小はあるとしても、個々の樹は光合成に必要な葉を展開する空間に制限が生じることから、生長を続けて行くと、ある年齢に達すると、光合成と呼吸の釣合いが破れることになるでしょう。

そうなれば、その個体は早晩枯れてしまうことになります。そのためある年限以上永く生き続けることはできないのが、森林を構成する個体の運命でしょう。その結果として、森林には林齢の上限が

京都，北山にある台形杉の巨大なスギ

あるのではないかと考えられます。日本ばかりでなく、他のいろいろな気候帯に属する地方へ行っても、一〇〇〇年もたったというような古い大森林は見たことがありません。私は大体、針葉樹林で三〇〇年、古くても四〇〇年もたった森林はないのではないか、広葉樹林なら二〇〇年ないし二五〇年ぐらいが、最老年の林齢ではないかと思っています。これぐらいの年になると、生理的にアンバランスになって枯死するより、多くの樹は弱ったところへ、病気になって死んでしまうように思います。広葉樹は針葉樹に比べ腐朽病に弱く大体二〇〇年以上たつと、腐れが原因でたおれるものが多いのではないかと考えています。ただ森林内には、いわゆる超優勢木があります。超優勢木は、一般の林冠層を抜き出て樹高が高いため、葉を展開する自由空間を広く持ち、そのため、呼吸消費量を超える光合成量を永く保つことができるからです。こういう超優勢木は一般の林齢より高い樹齢で生き続けることができるでしょう。

一般に超優勢木は熱帯降雨林の特徴のように言われていますが、私は広く温帯林にも亜寒帯林にも存在すると思っています。たとえば、亜寒帯林のモミ層の林内に共生するトウヒ、温帯林のブナ林に生えるミズナラ等はその例だと思っています。アメリカの太平洋岸の針葉樹林ではツガ林が多いのですが、そのツガ林に混生する、シトカトウヒやダグラスファーもやはり超優勢木として入っています。アメリカの生態学者のなかには、こういった超優勢木の混じった森林は、まだ極相林にはなっていない森林で、このような森林も時間がたって極相林になると、超優勢木は存在しなくなるのではないかと言う人があります。

その理由は一般に超優勢木として点在する樹種が、連続した林冠群を構成する樹種より幾分陽性の樹種であるからです。たまたま、更新の時の状態で陽性の樹種が残っただけで、極相林の更新では、こんな陽性の樹種が入るはずはないと言うのです。しかし私はこの考え方には同意していません。ツガ林分内の個体の風倒跡の更新状況を大分調べましたが、必ずシトカスプルースやダグラスファーの稚樹がツガの稚樹に混じって生えていて、最初から上長生長がよく、途中でツガの稚樹に負けるとは思えませんでした。

ともかく、こういった超優勢木は、林内で育っても、常に樹冠が林冠の上部に出ていて、自由に樹冠をひろげる空間を持っていますから、林冠を構成する重要林木より長生して大木になり得ます。

しかし、一般に巨木、大木として天然記念物になっている樹は、ほとんどすべてが孤立木です。孤立木だから巨木になるまで生き永らえられたのだと思います。

こういう森林という集団とは無関係な樹木の場合、その樹勢がおとろえてきた場合は、なんとか永く生きるような処置をされればよいでしょう。森林を形成する場合は森林という樹木集団を永続させる工夫が第一になさるべきです。それは後継樹を充分育てる工夫で、今ある個体を生き永らえさせることではありません。

林業用種苗の産地問題について

林業用種苗の産地問題の経過とその背景

林業用種苗の産地問題は、第二次世界大戦後スウェーデンの有名な林木育種研究家のリンキストによる精英樹木（エリート・ツリー）選抜を中心として林木の選抜育種的な考え方が、わが国林学界でもてはやされ、実際に導入されるほどの重要な問題であった。農作物同様に育種による新しい生長速度の大きな林木品種が造られれば、わが国の林業も飛躍的な発展をとげるだろうという願望が林学、林業界を通じて大きな動向となるまでは、育林学（造林学）のなかでは、種子、苗木の産地問題は、かなり重要な位置を占めていたと思う。私たちが一九三五年頃大学で造林学を学んだ時代には、産地問題は教科書にも講義でも必ず書かれ、教えられたものであった。

種苗の産地問題は林学の先進国であったドイツを含むヨーロッパの林業でまず問題になったものである。それは特にヨーロッパトウヒのように広い天然分布をもっている針葉樹種でまず問題になった。ヨーロッパトウヒは南はスイスアルプスから、北はスウェーデン、ノルウェーのあるスカンジナビア半島の北極圏の近くまでの広い分布をもつが、その広い分布地域では、地域による気候が大きく変わるため、分類学上同一のヨーロッパトウヒでも、地域によりその性質が大きく変わることが認められる。すなわちエコタイプが数多くあると考えられるので、無考えに、各産地の種子や苗木を遠くの地域に移動させると、人工造林の生長やいろいろな気候害への抵抗等が変わり、失敗する例が多い。そのため、種子や苗木への産地の気候の影響を充分に調査・研究して、種子や苗木の移動可能な地域を限定しなければならないという問題である。

ドイツでは一九二〇年代には、すでに種子および苗木の配給区域が法令で決められていて、各々の制限区域内でしか種子および苗木の移動はできなくなっていた。この考え方はドイツに林学を学んだ日本へは直ちに導入され、林業用に最もよく用いられるスギ、ヒノキ、マツ等の針葉樹を中心として、ドイツ同様に種子、苗木の配給区域が法令で定められた。特にその必要なことを認識させられたのは、明治末期から大正初期にかけて行なわれた大面積人工造林の結果だっただろう。

この当時の大面積造林は明治末期から大正初期にかけて、日清、日露戦争で乱伐された軍需用材伐採跡地の造林であった。このような大戦争は軍需用材を大量に消費するものである。

だから、大きな戦争があると、同時に国の森林は著しく荒れてしまうのである。「国やぶれて山河あり」と言うのはこのことを示すのだろう。山河は残るがすべて裸だ。結果として伐採跡地の人工造林が大々的に行なわれることになる。

日清、日露大戦の後も、国民有林を通じて、国策として大面積造林が行なわれることになる。特に不思議なことに、このような戦争のあとには、気象災害が多発する。

明治末期には気象災害が多発した。そしてその災害の結果は山の森林が裸になったからだということになり、伐採跡地で放置された所へ、国をあげて人工造林をすることになる。このような関係は、第二次大戦後も全く同じであった。今回は乱伐跡の人工造林にあまり大きな問題は出てきていないが、前回の大面積造林では、昭和初期になって、造林地に不良造林地が多数全国的にできてしまい、大きな問題になった。

この不良造林地発生の原因のなかには適地をあやまって不良林化したものも多かったが、いわゆる〝ヨシノスギ〟を植栽したため、失敗したものも、全国的に非常に多かった。〝ヨシノスギ〟といわれるスギは、奈良県吉野産のスギ種子から育苗されたものと信じられたため、産地問題が大きく浮上してきたのであるが、実際は吉野産ではなかったらしい。ともかく、産地を考えず、苗木業者が大量需要に対応して、早くから種子の大量に稔る樹から採取した種子を、販売したり、それから苗木を育成して販売したりした結果だったのである。

造林地の林木の中には早くから開花、結実するものがしばしば見つかる。このような個体は栄養生長は著しく悪いのが普通である。こんな個体から採取した種子からは、生長の良い苗木はできないが、大量の造林が行なわれるような時には、往々にしてこんな悪い性質を持つ個体から採取された種子や苗木が販売されて、不良造林地を造ることになる。また、このような早期結実型のものは、生け垣に用いられることが多く、この時代に大量に使われた種子は生け垣から採取されたのではないかと言う人もある。

ともかく、明治末期から大正初期の大面積造林時代に用いられたスギの種苗に産地を考慮せずに全国的に配布された苗木や種子による不良造林地が多発したことで、わが国では林業用種苗の産地問題が昭和初期に大きな課題になったことは間違いない。

手元に資料がないので、いつ頃わが国でもドイツにならって、種子と苗木の配給区域が法令で定められたかは忘れてしまったが、昭和初期にはすでに法令化されていたはずである。しかし、ヨシノスギが問題になったのは、植栽されてから一〇年以上たってからで、大正初期には同一樹種でも産地によりその性質が違うということが、認識される以前だったろう。

このような経過で、大正末期から昭和になった時代から、戦争中を通して、産地問題は林業・林学者によく浸透するようになり、定められた配給区域は比較的よく守られるようになった。それと共に、各営林局や試験場ではスギ、ヒノキ等の産地による生育の違いを明らかにする、植栽試験が行なわれるようになった。私が最初に就職した秋田営林局管内にも、日本全国から集められた産地別のスギ生育試験地があったし、京都大学にも芦生演習林の中山の小屋近くには同様の試験林があった。ただこういった長期試験は維持・運営のまずさから、これらの試験地が一〇年もたたない間に、現地の植栽木の産地を示す標識が失われてしまい、さて調査をしようとする時には、たしかに植列によって、明らかな生育差があるにもかかわらず、どの列がどこの産か分からず、比較検討しようにもできないことが多かった。例示した秋田の場合は試験係だった私が、台帳と照合して、産地を確定しようとしたのであるが、台帳の植列の数と現地のそれがどうしても合わず、産地が確定できずに、はっきりした生長差の分かる試験林をとうとう廃止してしまったというにがい思い出がある。

林木が産地により、同一樹種でもその性質が異なることを、比較的はっきり認識させたものに、スギの日本海側に分布するものと、太平洋側に分布するものとの違いがあろう。すなわち裏日本型のウラスギと表日本型のオモテスギである。ウラスギの葉は内湾していて鎖状になり、濃緑色であるが、オモテスギの葉は剛直で横に直線状に広がり、淡緑色である。クローネの形も前者は尖鋭であり、後者は鈍頭である。ウラスギは耐雪性があり、日本海側の多雪地に分布するが、オモテスギにはこの性質がない。また前者は伏条による無性繁殖をするが、後者はしない、等々多くの性質の差が認められる。遠山富太郎（『スギの来た道』中公新書）によると、ウラスギ型のスギの占める比率の多い天然分布の北限に近い秋田の天然林ではウラスギ型のスギが一〇〇％に近く分布するが、南下するにしたがってオモテスギの混合率が高まり、分布の南限の屋久島ではオモテスギの出現率が一〇〇％に近くなると言う。すなわち、気候が変化するにしたがい両者の占める比率が変化すると言っている。一種のエコクラインがあるわけである。同じような変化は、スギよりは天然分布の範囲がやや狭いがヒノキにも認められ、木曾のヒノキと九州のヒノキには大きな性質の違いがあるし、ブナもまた、裏日本型と表日本型では形態等にもかなりな違いがあり、以前は日本海型のブナをオオバブナ、太平洋型のブナをコハブナと呼んで、亜種にしていたが、現在は同一種とされるようになった。ところが最近になって、両者の違いが学会でも問題になってきているようだ。

こんなことから、第二次世界大戦直後までは、林業用種苗の配給区域は狭い範囲で定められ、それを外へ持ち出して造林したりすると、結果はよくないと考えられ、事業的にも比較的厳正に配給区域が守られていたのである。

林木育種が種子と苗木の配給区域制限を破壊した

大戦後になって林学特に造林学上の研究が大きく変わった。特に前に記したスウェーデンのリンキストが精英樹による林木の選抜育種を提唱し、それがわが国の林学界をいたく刺激したのが直接の原因だと思われるが、それより前に、戦後の林学研究では、同じ土地産業である日本の農業が、作物の育種と農地の肥培の進歩により生産性を著しく改善した。特にわが国の主要穀物である水稲が、育種と肥培の改良により、明治以降反当り生産量を倍以上に伸ばしたことに着目し、林業でも林木育種と林地肥培に研究の重点をおけば、農業同様に生産力増強に役立つだろうと考える研究者が続出した。また一方では、戦中戦後の木材の異常な需要の激増により、全国的に人工林ばかりではなく、奥地の天然林まで伐採が進み、伐採跡地、特に皆伐され無立木地になった林地が激増して、有用針葉樹数種による人工造林が、わが国の造林業の主流になってしまったこともあり、林学への農学的な考え方が急速に浸透してしまった。

私はこの考え方を農業（学）的林業（学）と名付け、本来の林業（学）的林業（学）と区別して、批判したのであるが、このことは少数意見にとどまり、林学の傾向を元にもどすことはできなかった。

私の主張する林業の特徴は対象とする林木が少なくとも樹高一五―一六メートル、一般には二〇―三〇メートル、アメリカ太平洋岸の針葉樹林地帯では、五〇―八〇メートル等の巨大なものまであり、その育成期間は少なくとも四〇―五〇年、できれば一〇〇年を超えることがあるという長年月を要するが、農業の対象作物は、長くとも半年、草丈も高いものでも二メートル以下であり、栽培作物の大きさも、育成期間も林業とは比較できないほど、小さくかつ短い。それ故に農作物では、作物の生理にあった環境を作り出して栽培することは可能であるが、林業では、全く逆にその林木の生育によい天然の環境を求めて育成しなければならない。そのような前提条件では、林木育種研究でたとえ優良な品種が出現したとしても、それを数十年から百年もかけて、自然環境の中で育成することは不可能であろう。また林地に施肥や耕耘を行なっても、その状態を長年月持続することは、経費の面でもゆるされそうにはない。こんな理由から私は、農業同様に育種や肥培という技術を林学で研究しても、林業にはほとんど役立たないであろうと考えたのである。

そのことが、造林学の基礎科学として、生態学を採り上げた理由でもある。

このような戦後の林学全般の考え方のところへ、リンキストの精英樹選抜による林木育種の考え方が入って来た。林野庁をはじめ、国および県の林業試験場、各大学の林学科は逸早くこの考え方に参同した。林野庁主導により日本各地の人工造林地から、精英樹の選抜が大々的に行なわれ、その期限までには、各府県は割当て数に近い精英樹が選抜され、新しく地域ごとにできた育種場で、精英樹による、実生苗、挿木苗の生産がはじまり、試験的な山地造林も行なわれだした。さらに、この選抜育種による生長の良い種苗の造成に伴い、古くから各地にある、品種の特性の調査・研究が始まると共に、古くからある林木の各種品種が、各地で改めて宣伝されて、広く日本列島全般に植栽されるようになった。なかでも有名なのは「雲とおし」と名付けられた九州北部の品種は生長がすこぶるよいというので、広く全国的に植栽されたが、雪害に弱く、大部分が途中で駄目になってしまった。こんなことで、優良品種を選定して植栽すれば、林力の増強になるという考え方が強くなると共に、第二次大戦まで比較的厳正に守られていた、種子・苗木の配給区域を規定する法令は全く無視されてしまうことになってしまった。

私の住む京都付近でも、長野県産の種子で養苗されたスギ苗木が、植栽直後の若木から大量の種子がなり生育が不良になって問題になったり、富山県で有名なボカスギという品種が導入されて、雪害をうけたり、逆に京都の北山の台杉の品種が遠い他県で植栽されて失敗するように、種子、苗木の配給区域を無視した結果の失敗がいろいろと報告される事態が生じた。その上精英樹育種は今までの成果は全くないと言ってよいのではないかと思われる。しかし林木育種的な考え方は、林学では決しておとろえてはいない。最近では、花卉や農作物で行なわれている、分子生物学的な育種方法の導入も考えられ、研究されているが、長年月、自然な環境のなかで生育する林木に即時デリケートな育種により生成された樹木が森林として生育できるであろうか。私には大いに疑問である。

全く奇妙なことを最後に記しておこう。もう三〇年近く以前のことになるが、私が公費でヨーロッパ林業を視察した時立ち寄ったスウェーデンでは、選抜育種を提唱したリンキストの死後であったが、選抜育種の研究や試験は、私の視察した範囲内では、もう大学でも林業試験場でも全くやられていなかった。そしてその代わりに育種試験場では、ヨーロッパトウヒの産地試験が行なわれていたのであった。

立派なファイトトロンの中で、人工陽光のもとで、温度をコントロールして、ヨーロッパ全土から集められた同齢のトウヒ苗がポットに入れられて並んでいたのである。結局、精英樹による育種はスウェーデンでも良い結果が出ないで、リンキストの死と同時に中止されたらしい。

ところがこの話はその後もわが国には少しも伝わっていない。全く奇妙なことだ。おそらく国をあげて多額の経費を使って行なった全国規模の試験が、あれは駄目だったとは簡単には言えなかったのではなかろうか。スウェーデンでは交雑育種が、マッチ会社の手でヤマナラシについて行なわれていた。ヤマナラシはマッチの軸木材として重要だったからだが、世界的にマッチの使用量が減少した現在、どうなったであろうか。

要するにスウェーデンを含むヨーロッパでは、林木育種を推進するより、元来からの林業、林学での主流であった、産地を重要視する考え方に戻っていったと考えてよいであろう。

それに対しわが国では、いまだに産地を軽視し林木育種による優良品種の造成を重要視する研究者が多いようである。何度も言うようだが、私はずっとこの研究動向には反対し続けている。

広い分布を持つ樹種にはまず産地を重要視すべきであろう。しかしどの範囲なら、種子や苗木を移動させてもよいかを決めることは、おそらく不可能であって、言えることは、その樹群が種子を稔らせ、天然に散布し、天然に苗木が発生する範囲が最も安全であろう。巨大な樹体を持ち長年月かかって生長する森林や林木には、どんな育種でも、そうやすやすとは用いられることはないと信じる。森林を造成して行なう林業では、分類学の〝種〟を用いて行なっていくことが、決して間違ったことでも、時代おくれでもないと考えている。

精英樹選抜による育種が失敗に終わった原因については、私にはおおよそはっきり述べてもよい理由を得ているのであるが、そのことは、本論からは若干ずれてしまうので、今回は触れない。しかし、あれは明らかな誤認による推論の上に立ったもので、間違いであることだけは、断定してもよいと思っている。

結論

林木育種ということと、林木種子や苗木の配布範囲を限定しなければならないという考え方は、学問の上で全く別の体系上の問題であって、育種をして優れて生長の良い品種ができたからと言って、広い分布を持つ樹種の種子や苗木の配布範囲を考慮しなくてもよいと言うことにはならない。

種子や苗木の配布範囲を狭く限定しなければならないという思想は、元来生態学的な発想であり、林木育種などの生理学的な発想とは軌を異にするものであろう。

学問の発想の差を混同してものを考えることは避けねばならない。

さらに農作物や花卉、果樹等のほとんどすべてが日本原産ではない。外国から導入されたもので、これらには、エコタイプなどという考え方が適応されることは全くないのである。こういう他国産の植物の栽培と、わが国ばかりでなく、広く世界の各地に天然分布している樹木をその分布する国々で取り扱うのには、全く別の考え方があってもよい。その混乱が、林木育種に出ているのではなかろうか。

天然分布する樹種をどう扱うかには、まず生態学的な考察が行なわれねばならないと考える。

外国樹種導入をめぐって

論考 一

外国樹種をわが国の林業界へ導入して、今まで日本になかったような新しい森林を造成しようとする考え方は、いつから始まったものだろう。私もくわしく調べたことがないので全く分からない。しかしかなり古くからあったことはたしかで、たとえば有名な小説の主人公の自殺の場にも使われて、名高くなった北海道旭川営林局、昔の御料林旭川支局が作った外国樹種の見本林はおそらく大正初期に設けられたものだろう。

その他にも各地の営林局や林業試験場にも、こういった外国樹種の埴栽試験林が数多く、古くからあったようだ。

このような自国産ではない樹種で人工造林を試みようとする考え方は、もちろん日本人の発想ではない。おそらく日本へ、先進国のドイツ林業が思想として導入された当初、ドイツから入って来たものだろう。

そしてこういった外国産の樹種を導入しようとした主な原因は、ヨーロッパの森林がすこぶる単純で、木材生産用に人工造林をしようとしても針葉樹では、トウヒ、モミ、マツ、それに分布の狭いカラマツしかなく、広葉樹ではブナとナラ類しかなかったからで、造林樹種を多様にしようと考えると、どうしても、隣の大陸のアメリカの温帯樹種の導入を考えることになったからではなかろうか。

ヨーロッパの森林の樹種組成が単純なのは、氷河期にアルプス山脈以北のヨーロッパ全土が厚い氷の下になってしまったことに原因があるのは、周知の事実だろう。

氷河期が始まった頃、ヨーロッパ大陸の樹種はアルプスを越えて南下しようとしたが、高いアルプスはこれをはばんだので、少数のものしか、アルプスの南の暖地には到達しなかったし、氷河期が終わる頃には、大陸に帰ろうとした樹種が、またアルプスで阻止され、うまくアルプスを避けたものだけが、大陸へ帰り着いたと言われる。北端のイギリスへは大陸から樹種が帰ろうとした時はすでにドーバー海峡は解氷していたと言われる。だからうまく鳥が運んでくれたものと種子に羽根があって風に乗って海峡を越えられたものと、海流に浮かんで流れついても活力を失わなかった少数のものだけが帰り着いたと言う。

針葉樹では小鳥が好んで食べるイチイとネズミサシは帰れたが、モミやトウヒは帰れなかった。ブナとミズナラは海に浮かんで流れ着いたらしい。カンバとマツは風に運ばれたのだろう。

こんな事情から特にイギリスは組成樹種が著しく少ない。ヨーロッパ大陸側もモミやトウヒはあるにしても、組成樹種は決して多くはない。

ちょっと本論からはずれるかもしれないが、たとえば一種しかないヨーロッパモミは一般に日本のシラベ等と同位種と思われているらしいが、シラベのように森林限界までは登っていない。むしろブナと混生しているのが普通の型だろう。そうすると日本のモミの種類から考えれば、ウラジロモミと対等の種ではなかろうか。森林限界まではトウヒも登っていない。トウヒの分布も、その前の低い標高で終わってしまうようだ。かろうじて亜寒帯林の下部まで分布するのがヨーロッパトウヒだろう。

結局、森林限界をまともに構成する樹種は、逸早く氷河期に姿を消してしまったので、スイスアルプスでは、カラマツとマツで森林限界になっている。そのマツも日本のハイマツのような匍匐《ほふく》性のものではないのだ。

先年もスイスのマッターホルンを見に出かけた際、帰りは森林限界の上にある雪にまだおおわれたお花畠から、ツェルマットまで徒歩で下りて、森林限界をよく見てきたが、組成樹種は借物だと思った。フィンランドの北極圏の森林限界の組成樹種も同様に借物だろう。これはヨーロッパアカマツとシラカバだから、一層はっきり借物らしいことが分かる。本来の樹種は皆氷河期に失われてしまったのだろう。

ヨーロッパ各国の森林の組成樹種の少ないことが、造林用にヨーロッパ以外から導入できる外国樹種を探そうということに発展したのだろう。ヨーロッパ各国の林業試験場などに古い外国樹種の埴栽見本林が多数あるのを私も渡欧中に方々で見かけた。

ドイツから林業を学んだ日本は、自国の森林の組成樹種が非常に多く、外国から新しい樹種を導入する必要がそんなにあるとは考えられないにもかかわらず、すぐドイツのまねをして、日本の各地の試験場に外国樹種の見本林などを作ったのではなかろうか。

しかし実際に林地へ外国樹種で人工造林をすることは、第二次大戦前にはそれほど多くはなかったようだ。林業としては全くなかったと言いきってもよいだろう。

論考 2

大戦前に外国樹種を逸早く導入したのは、北海道の鉄道防雪林のヨーロッパトウヒ林だった。

これは北海道の林業がまだ発達せず、北海道特産のトドマツやエゾマツの人工造林法はもちろん種子の採集、養苗法も未開発であった時代に、鉄道では、風雪災害にそなえるため、防雪林を造成する必要にせまられた。そのため、既開発のヨーロッパトウヒの種子を輸入し、既開発の養苗法、造林法をわが国に導入してヨーロッパトウヒによる鉄道防雪林を造り出した。

先年ドイツ、フライブルク大学の造林の教授で、世界のトウヒ属のモノグラフ作りをしていた人を北海道へ案内した時、彼はドイツ以外でこんな立派なヨーロッパトウヒの人工造林地を見たことはないとほめていたが、鉄道防雪林のような平地林ならうまく行ってあたり前のような気がしたものだ。

しかし北海道では、いまだにエゾマツやトドマツの人工造林は、内地のスギ、ヒノキなどのようにはうまくはできないように思うが、どうだろう。

最近カラマツの防雪林もできだしたが、カラマツも北海道としては導入樹種だ。北海道に天然分布はしていないのだから。

これも理由はつまびらかではないが、大戦後になると急に外国樹種の導入が盛んになる。しかも戦前のように慎重に見本林などで試しに植えてみるのではなく、いきなり林地にある広さで造林を始めてしまった。

なぜ急に外国樹種の導入が盛んになったのかについて、私の想像で、あまりはっきりした根拠はないのだが、パルプ会社の社有林が始めたのではないかと思われる。戦前のパルプ会社はほとんどが樺太にあって、樺太産の針葉樹が主な原料だった。

戦後樺太を失ったパルプ会社は北海道ばかりでなく、本州各地で、本州産のいろいろな樹種をパルプ化しなくてはならなくなった。たとえば東北パルプでは奥羽に最も多いブナによる広葉樹パルプを始めたが、本州南部では安くて多い木材料としてアカマツを使うようになった。それと共に各パルプ会社は社有林を拡大して、できれば、自社の社有林産材だけで、自社のパルプ工場を動かそうと考えた。そしてマツしか生えないような痩悪林地の買取りを、各社こぞってやり始めた。

私はこの痩山の買取り競争はおかしいと思って、林業関係の雑誌に、パルプ会社はもっとよい林地を買って、スギかヒノキを植え、その生産物は一般用材として売り、マツ材がほしければ、その売り上げ金で民有林から買ったほうが得策ではないかと書いたことがあるが、パルプ会社は各社とも、地味のよくない山ばかりを買いあさった。そしてそこへマツの造林をしてみると、思ったようには育たない。そこで、アメリカのようにマツ属の樹種の豊富な国から、こういった痩地でも良く育つマツを移せばうまく行くだろうと考えるようになったらしい。

またこの考え方を後押しするような者も大勢いたのではなかろうか。

北アメリカ大陸にはマツ属の種が非常に多い。日本には二葉松と五葉松など併せて七種類ぐらいしかないが、北アメリカ大陸には一葉、二葉、三葉、五葉と全部揃っていて種数はたしか八〇種ほどあったと思う。しかも、西部海岸から東部海岸まで、全土のいろいろな気候に適応して天然分布するから、日本の気候にもあい、痩地でも早く良く育つ種類が見出せるかもしれないと思うのは無理からぬことかもしれない。

北アメリカの気候帯、特に森林の多い東西両沿岸地方は、大西洋沿岸を落葉広葉樹地帯、西側の太平洋沿岸を針葉樹地帯と呼ぶように、全く気候が異なり、大西洋岸は夏雨地帯だが太平洋岸は冬雨地帯、地中海気候に似ていると言う。

ちょっと考えると、太平洋をへだてていても日本列島に近い、太平洋岸の樹種が日本に適していると思うかも知れないし、針葉樹種では日本と同属のヒノキ属が太平洋岸には分布するし、ダグラスファーと呼び、材を日本では米松と呼ぶ、プソイドツガは日本の高野山あたりに天然林のあるトガサワラと同属だ。

同じ属の樹種があるとしても、北アメリカの冬雨地帯の太平洋岸の樹種は日本では良く育たない。その一番良い例が、ジャイアント・ツリーで有名なギガントセコイアだ。この樹種は日本ではどうしても育たない。東大の造林学の教授だった中村賢太郎氏は、この樹を日本で樹高五メートル以上に育てたら賞金を出すと約束していたが、とうとうなくなる前までには誰もどこでもそんなに大きく育てた例は出なかった。最近林学関係の雑誌で、関東地方の大学の苗畑で五メートル以上に育っている例があるという記事を見たが、とにかく日本ではむずかしく育ちにくい樹種であることには間違いない。しかし、近縁種のセンペルセコイアのほうは、同じ太平洋岸産なのに日本でも大きく育つ。私の家の裏庭でも三〇年生ぐらいで直径八〇センチ、樹高二五メートルを超えて育っている。この樹種に樹皮が著しく厚くなるので、直径のなかには厚さ一〇センチもある樹皮も入っていて、より太く見える。

日本では北アメリカの大西洋岸産の樹種は気候的に合うが、近い太平洋側のものは合わないものが多数であることはたしかだ。それとうまく合うようだが、ヨーロッパでは、北アメリカの太平洋岸の樹種がうまく育つが、近い大西洋側のものはあらかた駄目だ。このことは大変面白いことだと思う。

ヨーロッパではダグラスファーがすでに林地に植栽されて、造林樹種の一つに数えられている。日本ではこの戦後北アメリカの大西洋岸のマツ属がいろいろと導入され、林地に植栽された。そのなかでも、北海道のストロープマツ（五葉松）は成功したかに見えたが、その後病虫害でうまく行っていないようだ。本州ではテーダマツ（三葉松）が案外うまく育っているようだが、日本のアカマツと比べて、より良いとは言えぬ成長らしく、現在ではそれほど広く植栽されてはいない。

結局、大戦後、各パルプ会社に各県の林業試験場も加わって、かなり熱心に行なわれた外国産マツ属の導入は、現在火の消えた状態だと言ってよいようだ。

世界的に見てみると、外国産樹種の導入で成功して、すでに木材まで生産され、輸出されている例がある。それはニュージーランドへ導入された、北アメリカ産の二、三のマツ属で、マン・メイド・フォレストという用語ができたのもこの結果だろう。

南半球にはマツ属は全くない。だからマツ属につく病虫害も全くないだろう。そうなると気候的にうまく合えば、無菌の種子を導入して、もとの産地から病虫害が入らないよう検疫さえ十分にやれば、導入成功の可能性はうんと高まるだろう。

国産の樹種の天然分布のある所へ、外国樹種を導入するのは、うまく行かない。気候的には合っていても、きっと病虫害にやられてしまうに違いなかろう。

ついでにもう少し、南半球のマツについて書いておこう。大戦前の話になるが、オーストラリアの林学の教授が京都へ来た時、私の仲間の教授が、オーストラリアに〝パイン〟はあるかと尋ねた。そうしたら彼はイエスと答えたのだ。そこで前述の北米産のマツによる人工造林のことを言っているのだろうと思ったのだが、彼はそうではなく、ネイティブのパインがあると言う。これはおかしいことを言うと思って聞き返したら、〝パイン〟を一般の針葉樹を指すものと考えての返事だったのだ。

このことは十分に注意する必要がある。前記したように英本国には針葉樹の高木の種類で天然分布しているのは、ヨーロッパアカマツしかないから、英語で言うパインはマツ属を指すだけでなく、針葉樹全体を指すのだ。

いつだったかも、日本の皇太子が南米のブラジルかどこかでマツを植えられたと写真入りで新聞に出たことがあったが、写真をよく見ると植えられたのは、「アローカリア」だった。オーストラリア英語でアローカリアもパインの一種となってしまう。そう言えば日本でも、エゾマツ、トドマツ、カラマツと針葉樹種を皆マツの仲間にしているから、針葉樹が皆マツと言われても文句はつけられないだろう。

以上で外国産樹種の林業への導入の話は終わるが、いわゆる雑草の仲間では、平気で外国産のものが入り込んで大繁殖する例が多いが、高木類になるとそうは行かない。元々の森林植生が外国産樹種で攪乱されて困るようなことがないのは幸いだと言えるかもしれない。

しかし、外国産の樹種はどの国へ行っても街路樹には非常に多数使われている。

特に北半球ではプラタナスがどこの国へ行っても街路樹として多く使われている。プラタナスには、オリエンタリスとオキシデンタリスの二種があり、わが国などでは、両方とも導入され、混じってしまって、いろいろな雑種ができてしまっている。街路樹ですっかりなじみになっているプラタナスが、北米へ行って、大西洋岸の広葉樹林で、ユリノキと共に高林木になり、大径の大木になっているのを見ると、奇妙な感じがしてしまう。なぜ街路樹で森林ができたのだろうと、逆に見てしまうのだ。

有名なマロニエもフランス産ではない。外国樹種だろう。どこの国へ行っても、街路樹は、外国産のほうが多いようだ。

日本でも最近流行しだしたケヤキの並木以外はほとんど外国産なのはなぜだろう。プラタナス以外にもトウカエデなど、京都の街の並木にも多い。

最近各地で多く使われるのにアメリカハナミズキがある。花がきれいだと言っても、あまり多用はしたくない。先日も滋賀県の比良山麓の河岸を公園化して、たくさんハナミズキを植栽していたが、あまり感心しない。比良山麓なら樹種はいくらでもある。何も好んで外国産の樹種を持ち込まなくともよいだろう。

国粋主義者ではないが、街路樹にもっと自国産のものを使いたいものだ。

私は林木育種をいくらやっても林業樹種にはならないと思っているが、街路樹などは人の手入れがよくできるのだから、国産樹種の育種で、街路樹に合う品種が作れそうに思う。

日本の街路樹は、剪定に強いという条件をまず満たす必要があるだろう。

故郷山科の記憶

私の旧家は、現存する家からいくらか離れていたらしいが、山科の厨子奥に随分昔からあったらしい。今でも私は私の生まれた家の裏の離れ屋を改造し、継ぎたして暮らしている。この離れ屋は祖父の時代に山階小学校の古屋を買い取って移築したというもので、もう百年は経っている。私の子供時代には階下が米倉になっていて、秋になると小作の人々が年貢米を運んで来て、およそ百数十俵ぐらいで満杯になったが、大戦中米はすべて供出となり、最後には家の飯米が一〇俵ほど淋しくころがっていた。米倉の二階は私の中学生の頃、物置だったのを改造してもらって、勉強部屋にした。私が東京の国立林業試験場から京都大学へ帰った一九五五年頃には、ことのほか借家が不足していたので、この古屋を中心にして建て増して行き、ずっとそこに住みついてしまった。母屋には私のすぐ上の兄一家が、やはり戦後京都大学へ帰って来て住みついた。

母屋は明治以前の建物だと思うが、土塀に囲まれた大きな門のあるかなり広い家で、一かかえもある大黒柱が土間の上りかまちの傍にある。これも百年以上はたっているので、白アリなどの食害でいたみはひどいが、なんとか住んでいる。戦後の農地改革で田畑のほとんどすべてを失ったが、この屋敷まわりの三〇アールほどが残っているので、裏庭には竹藪が回復してきたり、私が専攻の関係からいろいろな樹を植えたりしたので、今ではこのあたり唯一の緑地となり、小鳥の声が朝夕にぎやかだ。

私の家は武士の流れを汲んでいるというので、小学校時代から私だけはハカマをはいて通学させられた。皆着流しの草履ばきだったので、初めの頃ははずかしかったが、じきになれてしまった。学生服で革靴ばきになったのは中学へ入学してからだ。武家だということは父母からよく聞かされたが、四手井城という城らしいものがあったという話を知ったのはつい数年前、私が京都府立大学長になった際、同学の史学科の藤井学教授に教えられてからだ。今の私の家は厨子奥尾上町だが、通りをはさんだ北側は矢倉町で、ひょっとすると、私の家の城の矢倉がそのあたりにあったのかも知れないと思うが、古い記憶をたどっても、城跡らしいものは、このあたりに何も残っていない。古い堀とか土塁の一部でもあれば、城があったとも納得できるが、そんなものは近所を探しても何もない。少し南の本願寺に関係した寺域の跡には、今でも所々遺構が見られることを思うと、全くちゃちな城、城とは言えないようなものだったのだろう。

山科は今でこそ住宅が建て込んで人口が激増し、東山区から独立して山科区となったが、私の子供の頃は山科村であり、次いで町になり京都市の拡張により東山区に編入された経過があり、戦前から新しく住みつく人が徐々に増加し、戦後特に急速にふくれ上った地域だ。戦前に人口増加を予測し、都市計画による予定路線などの計画もあったらしいが、戦中・戦後なにも着工されないうちに宅地開発が進み、中央に環状線が南北に通っただけで、他の道は昔そのままなので、新開地では所によってはかろうじて車が通れるほどの道しかない。条里制時代の道と思われるものが、今でも生きている所もあるらしい。

山科は特に竹藪の多い盆地だった。今の環状線あたりから東、奈良街道まではほとんどすべてが竹藪だった。中心部にある西野や東野もまわりが広い竹藪だったし、厨子奥も北側にも南側にも広い竹藪があった。いつからこんなに竹藪がふえたかは知らないが、子供の頃、旧三条街道にあった知り合いの医者へ薬をもらいに夜中にやらされたりすると、提灯を持ってこの広い竹藪の中の小路をたどり、こわごわ往復したものだ。途中路が曲がっているので、用心して歩かないと藪の中へ迷い込み、途方にくれなければならない。またその頃は安祥寺川が三条街道沿いに西の高い堤防に囲まれながら流れていて、藪の中の堤防にかかる土橋を渡るのもこわかった。橋下にタヌキが棲んでいて人をばかすとも言われていた。しかし昼間の竹藪は結構楽しい子供の遊び場で、竹鉄砲を作ったりして兵隊ごっこをするには絶好の広場であった。今でも地名に残っているが、義経の血洗池といわれるうす気味悪い赤い水をたたえた小池もこの竹藪のなかにあり、冒険心をそそったものだ。私の家の城といわれたものも、おそらくこの広い竹藪に埋もれてしまったのだろう。

戦前の何年頃だったか忘れたが、南側の竹藪が西野の人により開発され、宅地化したが、その時、藩政時代にあったという、今の古屋より一時代前の屋敷の裏門のあたりとおぼしい所から、かなり大きな青味がかった茶壺のようなものと、小さい茶色の壺が出土したことがあった。中には火葬した骨がぎっしりつまっていた。掘り出した人夫は驚いて熱を出して寝込んでしまったと聞くが、私も手だすけして散乱した骨を拾い集めた。その後しばらく駐在所にあずけられ、見に来た人の中には壺が渡来品だと言ってほしがる者もあったが、結局所属も未確認のまま、父がもらい受けて、そっくりそのまま私の家の墓場の片隅へ埋葬してしまった。出土例としてはこれ以外他に聞いたことも見たこともない。ただ石垣にでも使ったと思える手頃の石が方々から出土している。

父や母からよく聞かされたことは、先祖が秀吉の淀城に仕えていて、秀吉と親しく、淀の近くの御牧村にも屋敷があり、そこでは御牧と名のっていたと言う。私も何度か御牧村の墓所へ参ったことがあったし、同村の玉田の明神が私の家の氏神であったことを、当時の神主から伺ったこともあったが、戦後の混乱時代以降一度も行っていないので、今どうなっているかは知らないし、四手井と御牧という二つの姓のくわしい関係も知らない。古い時代には家にいろいろな古い物が残っていたとも聞いたが、何代か前の当主が貧乏し、分家へ目ぼしい物は売り払ったが、次いで分家が貧乏して、他家へ持ち去られたということで、家には秀吉の下り坂の槍と言われる格別に長い柄の槍の他、数本の槍や刀、それに古文書がいくらか束にして残っていた。古文書は一時京都大学の史学の先生にあずけられ、にせ物ではないと鑑定され、目録と共に返されたが、長兄の息子が保管しているはずだ。また古文書と共に、秀吉愛用の品といわれた真赤なベレー帽のような南蛮渡来の帽子があったのを思いだす。何度かかぶってみたが、小さくて私の頭には合わなかった。ほんとに秀吉が被っていたとすると秀吉はかなり頭の小さな人だったろう。

御牧あるいは三牧という旧い親せき何軒かとは戦前はつき合いがあったが、今はほとんどない。一九六五年頃だったか、四条畷市の元市長の御牧さんから来信があり、くわしい系図の写しをそえて、四手井家が御牧さんの本家で、一度お尋ねしたいと記してあったが、お会いする前に亡くなられたらしい。この手紙もどこかに残っているはずだが、今回探しても見当たらなかった。後醍醐帝からいただいたという四手井名の親せきは大正年代に一軒見つかり、爾後親しくしている。私の家内はその家の出だ。最近その家から先祖の像だという古い肖像画が出て来たので、仮表装をして大切にしている。

いつの時代か知らないが、家が貧乏していて子沢山だったので、いくばくかの金子を与え、勝手に暮らすようにと家から出してしまったらしい。この四手井はその後鳥取県の米子に近い淀江に住んで、やはり武士として暮らしたらしい。明治維新の際官軍にくみし、奥羽へ遠征した際の陣羽織が大切に保存されていたが、先頃火事で焼けてしまった。もう一軒これは私が高知営林局へ講演に行って偶然発見したのだが、高知市にも四手井家があった。この家にも安芸にある四手ノ井という姓を記した古い墓が多数残る以外何も残っていないらしいが、京都の出身だという伝承があり、安芸で代官か何かをしていたらしい。全く奇妙なことだが、今の当主の顔が、家内の父親とそっくりなので、初めて会った際これも私の家の分家だと直感し、それ以降、つき合いが続いている。

いつの頃からか、山科には何軒かの郷士という半農半武士の生活をする家があり、御所の警備にあたっていたらしい。天皇家が東京へ行かれた際、これらの京の御所に仕えていた武士へいくばくかの御下賜金があり、それで財団ができ、武士の子孫の奨学金になっていた。私は末っ子だったので、中学以降大学までの授業料にはこの金をもらっていた。領収書を持って財団へ出向くと、立派な武士らしい髭を生やした老人が金庫から金を出して渡してくれたものだ。この制度も第二次世界大戦後はなくなってしまった。貨幣価値が変わってどうにもならなかったのだろう。

明治天皇の御大葬に際しては、山科郷士も奉仕したらしく、菅笠にかみしもの父の写真を何度も見せられた。郷士としての奉仕はこれが最後だったろう。以前は時々山科郷士の集まりもあったと記憶するが、これも戦後は絶えてしまった。郷士のひとり北花山の柳田家とは今もわずかにつき合いが続いているが、他の郷士の消息は知らない。

父母もすでになく、兄弟も姉と私が残っただけで、古い記憶を呼びもどしても、歴史にあまり興味のなかった私にはこれ以上記す資料がない。今になってもっと私の家のことだけでなく古い山科について知識をふやしておくべきだったとは思うが、時すでに遅しだ。私の住む厨子奥も古い家はまだ一〇軒余残ってはいるが、ここで生まれた男で私より年上はただ一人しか残っていない。農家が多かった集落だが、今でも農業を続けているのは、これもただ一軒になってしまった。竹藪は戦中に開墾され、食糧増産の農地に変わり、ついで戦後宅地化して、人口はおそらく数十倍にふくれ上っているだろうが、皆他所者で、顔をあわせても知らない人のほうがはるかに多い。盆地の南部で廃寺の跡や中臣遺跡など開発に伴う埋蔵文化財の発掘調査も行なわれたらしいが、山科の名所、旧跡といわれるもので、いつの間にか失われたものも多い。日岡の旧東海道沿いにあった一里塚は地名は残っていても本体はない。木食の行場の大きな石の亀は今も祭られているが、少し南の北花山の東山山麓に見つかった行基窯は跡形もない。古いお宮やお寺でも境内を切り売りしたり、借家や駐車場にした結果、狭くなってしまって探すのに苦労する所も多い。

室町時代と農林業

私は歴史そのものに暗いので、全く分からないのが、室町時代に日本の文化や文明が飛躍的に発達したらしいが、これがどうして興ったのかだ。室町時代は一四〇〇年頃から一六〇〇年頃までの二〇〇年間続いていたらしいが、この時代の後期は戦国時代と言われる内乱が続き乱世時代だったし、前半の時代も足利幕府はもうまともな政治らしいものはやっていなかったのではないかと思う。ただ、京都に金閣寺などの立派な家を建てて遊んでいたから、そのほうの文化が発達したのは分かるが、私たち林業関係では、スギを中心にして、大材が多量に伐られて、建築などに用いられ始めたらしい。そのためだろうか、今まで、横びきの鋸はあったが、この時代に縦びきの鋸が開発され、それまでは、割って使っていた板材が、所望の一定の厚さで、鋸でひき出すことができるようになって、初めてきれいな板が使われるようになった。その上、それまでは、やりかんなで板面を削っていたのが、現代も使われる手鉋が使われ始めたから、今と同じような板が建築材に現われてくる。

もちろん、鋸や手鉋はわが国の考案ではなく、その頃盛んに行なわれた中国との交流で、たぶん中国から入ったものだと思われる。しかしわが国に輸入された鋸や鉋は全く別のものに変わってしまっている。それはこういった道具は中国では、人が手元から向こうへ押すことによって、削れたり、切れたりするのだが、日本に入った鋸や鉋は、人が手元へ引くことによって削れたり、切れたりするように、全く反対方向に与える人力を用いるように変わっている。この押す力によるのは中国だけではなく、現在のアメリカでも同様なのだ。

だから引き切り引き削りに変えたのは日本人の考え方だ。この考案は大変重大で、現在使用されている機械鋸や機械鉋はみな日本式の引き切りになっている。おそらく力学的にもこのほうが有利なのであろう。こういった大発明が室町時代に出たことにより、われわれ林業面では温帯に分布するスギ等の大材が大量に伐られ、使用されるようになったらしく、さらに焼畑跡等と共に伐採跡地に人工造林をすることも、次の江戸時代には広く行なわれるようになるが、これも室町時代に始まったと考えてよいらしい。

こうした新しい文化・文明は、すべて幕府などの上部機関が中心となって考え出したものではなく、すべてが一般の農民の手によるものだ。

司馬遼太郎氏の著書によると、室町時代には、わが国の米の生産量が著しく増大したと言う。これも上部組織が関係したものではない。すべてに下級武士や農民による、農地の拡大や、農業技術の進歩によるものらしい。

農地の拡大ばかりでなく、金属の鉄が戦争用以外に農耕用器具に多用され、鍬や鋤や鎌などの改良が農民の手で大いに進んだのも、生産量の激増につながったらしい。

私のマツに関して書いた新聞紙上の記事が、司馬さんの目にとまり、氏の著書の『街道を行く』や『この国のかたち』に引用され、司馬さんから、礼状と共に送られてきた著書への御礼の葉書に、室町時代についての私の疑問を書いて送ったが、またこの葉書への返事をもらった。それに司馬さんは、「政治よりも経済が文化を生む」と言うことでしょうかと書いている〔本書「オリジナリティについて」〔九三頁〕参照〕。

農業の進展により非農民（武士、連歌師、商人、私度僧、物好き）を一人の農民で何人も養えるようになったこと、つまり物を考える人々を養いうる社会になったのが、室町時代だと、氏は考えている。そして中国寧波港へは近所へ行くようにして、商人、禅僧が行き、異文化交流がさかんで、そのせいで脳細胞が大変活発になったのだろうと、室町文化・文明の発達を考えている。

文化・文明の発達には政治がさして関係しないということが事実だとすると、現世のように、政府が国のことをすべて強力に指揮・指導して行くのは、あまりよくないのではないかという気がしてくる。たとえば教育でも文部省が口を出しすぎるより、各学校にもっとまかせたほうがよく、各学校はさらに各教官にまかせる範囲をできるだけ広げたほうが、教育そのものの活性化ができるのではなかろうか。

経済面でも政府にたより過ぎているように思われる。公共事業を政府が増して、国費の投資額を広げて活性化を計るより、各企業がもっと頭を使って、事業をやったほうが良いのかもしれないという気がする。室町時代のように政治力がすっかり衰えた時代に、わが国の文化・文明の初めての開花があったことは、もっと調べねばならないとしても、考えさせられる事実ではなかろうか。

Ⅳ　割箸をなくせば森林を救えるか

（講演録）

私、四手井でございます。六年ほど前まで、この府立大学の学長を六年間しておりました。やめてからはもう何もせずに、今のところは、いろんな委員会に顔を出していることが仕事になっております。今日の話は学生さんの考えられた「割箸をなくせば森林を救えるか」こういう題なんですが、この問題は簡単に一言で「救えない」ということも言えないし、「救える」とも言えない、ということなのですが、最初に少し逸話を申し上げます。

森林と戦争

それは第二次世界大戦が済みました直後ですが、その当時日本の森林は非常に荒れておりました。というのは皆さんもうご承知でないかもわかりませんが、戦争というものは森林を非常に荒らします。森林と戦争って、あまり関係がないようなのですが、非常に密接な関係がある。たとえば明治二七―八年（一八九四―九五）とか明治三七―八年（一九〇四―〇五）に、日清戦争・日露戦争、そういうものがありました。その後（ちょうど明治の末期ですね）から大正の初めにかけまして日本の森林がやはり非常に荒れました。さらにこれはあまり関係ないようなのですが、非常に不思議なことには、そういう日本の森林の非常に荒れた時に、日本に自然災害が集中して発生しています。明治の末期から大正の初期にかけて一番森林の荒れた時代に、集中的に自然災害が発生しております。日本の自然災害というのは一番多いのが台風災害です。それから集中豪雨、こういうものがその時代に毎年発生している。そして結果としては、非常に大きな洪水災害、山崩れ、そういうものが発生する。となるとやはり戦争で荒らした森林が主な原因だということになります。ちょうど大正の初め頃に、政府は特別経営というので（当時は林野庁じゃなしに山林局というのですが）、それが全国の国有林・民間林に声をかけて、荒れた山に植林をさせております。大規模に植林をしています。その当時植えた木がちょうど第二次大戦の時分に、うまくいった森林は立派な林になってまた伐採されるということになったわけですが、第二次世界大戦でもやはり森林が非常に荒れました。結果として、不思議なことにはまた洪水が集中して起きている。洪水災害、台風災害、それから集中豪雨です。そういうものが発生しているわけです。それでやっぱり同じようにこれは山林が荒れたからだということになりまして、やはり国を挙げて植林をしようということになって、今年（一九九二年）京都であります「植樹祭」というのが出て来ます。あれがちょうどその、国の森林が荒れたのを復旧しようというので、「植樹祭」というものが行なわれるようになったのです。やはり大正初期同様に国有林・民間林共にさかんに植林をするわけです。そうしますとだんだんとまた災害が少なくなりまして、この頃のように洪水災害も毎年起こるということはなくなってしまう。いつでも戦争の後で山が荒れ、山が荒れた時分に自然災害が起こり、そして大面積の植林をやる。こういうことを繰り返しているのです。戦争で何に使うんですかね、軍事用材というのが大量に伐採されます。いまだに私はその軍事用材が何になったか知らないのですが、非常に大きな量の木材消費です。まあ、考えられるのは、弾薬箱だとかそういうものなのですが、その他に野戦での建築があります。あちこちに司令部だとか何かを造るための木材のような、そういうものがあるのですが、非常に大量の木材を使用します。これは日本だけじゃないのです。第二次欧州戦争（第二次世界大戦）でも同様でして、ドイツでも大面積の森林が荒れております。だから戦争というのは、今度の湾岸戦争でも石油の垂れ流しだとかそういうもので起こった自然破壊ばかりではなしに、戦争をしますと到る所の森林が破壊されているのです。そういうように戦争は自然破壊の最大の敵だということはもう明らかです。第二次大戦後も、そういうわけで木材の節約運動を一方でやったわけです。その時に今の林野庁（当時の山林局）が何をやったかというと「正月の門松をやめろ」という運動をやりました。正月の門松ですね。その当時の人は記憶しておられるかもわかりませんが、それに賛成した人たちが、門松をやめて印刷した松の絵を玄関に貼る、ということをやったことがあります。ところがはたして門松を切ることで日本の山（特に松山）が荒れるかというと、そんなはずはないのです。門松用の若松を切るくらいで松山が荒れるかというと、そんなはずはないのです。門松用の若松を切るくらいで松山がだめになるような少ない生え方では森林にならない。門松をやめたからといって日本の山が緑になることはないのです。それを林野庁は「門松をやめると何十万本とか何百万本とかの松が助かるから、それで山が緑になる」という宣伝をやったわけです。ちょうどそれと反対のことが、今の割箸なのですね。

割箸は林野庁が言ったのじゃなしに、民間の連中が「あんなもったいない使い方はない。だから割箸をやめなさい。そうすると割箸をやめれば木材の消費量が少なくなり、それだけ緑が保てる」と。

今度は民間のほうがそれを言い出した。林野庁のほうはむしろ何も言えないのです、今のところは。林野庁・政府自体の発言はございませんけれど、一方では割箸屋さんのほうが「あんなのは廃材で作っているのだ。普通の用材にならない材で作っているのだから、割箸をやめたからといって森林が救われることはないのだ」という宣伝を最近やりだしました。門松の廃止の時には、私が「門松はもったいないというよりも、あれは日本のお正月文化の一つのシンボルなのです。正月に竹と松と梅を銀行だとかああいうところだと非常に立派なのを一対玄関に置くとか、普通の民家だと山引きの寝っこのついた松を一対、奉書紙で巻いて水引をかけたのを玄関に釘付けにするなどしてお祝いする。これは一つの文化なのです。それで山が荒れるなどというのはどうも考えられない。そういうことを言ってそれを印刷にするのは、正月という一つの文化行事を潰すことになってしまう。むしろそんなもので荒れるような山をつくる林野庁じゃ困る」と書きました。結果としては林野庁はそれから後は運動をやめてしまいました。現在は門松はもうちゃんとどこでも使われていますし、それからお正月には床の間に若松を生けるということもやっています。決してそれをやったから松山の緑がなくなったということは聞かない。ヨーロッパだとかアメリカでは、門松と同様にクリスマス用のモミの木は畑で作っております。それをどうして増産するか、などというのはちゃんとリポートまで林学の雑誌にたくさん出ています。それからドイツでは、あのモミとかトウヒの林の天然更新の稚樹を使っている。天然更新というのは、そこの林になった種が自然に下に落ち、それから自然に芽生えたもので次の林をつくってゆく、とそういうのを言いますが、そういう方法でやる時は稚樹がぎっしり生えすぎるほど生えるわけです。いっぱい生えてくるのですね。いっぱい生えてくる結果としては間引かないといけないわけです。間引かなかったら全部ヒョロヒョロになってしまう。だから間引き苗をむしろクリスマスツリーとして売っているわけです。ですから何もクリスマスツリーを作ったから、ドイツとかアメリカの山が荒れるということはない。同様に日本が門松で荒れることはない。それを林野庁は「荒れるからやめろ」といったのがおかしいということが分かって、やめたわけです。今度はむしろ民間が「割箸をやめろ」という運動をやり出した。ところが林野庁はどっちの肩を持っていいのか分からないので、今のところはどっちの肩も持たない傍観状態であるわけです。

「割箸」について

私が考えますのは、割箸というのはほとんどすべてが廃材だとか根っこの材など用材にならない箇所、それから間伐材であるとか、今あまり使われないようなものを切っていって加工している。それは確かにあのうどん屋なんかの安割箸には多いと思います。大部分はそれだと思います。ですからむしろ切った木の集約的な利用として、ああいう割箸はよいと思います。ただ使い捨てっていうのはもったいないですね。一度うどん一杯食えばポイと捨ててしまう。捨てたものはどうなるかというと、結局は燃やされてCO_2の灰になってしまう。そこらのところの工夫がもっとあっていいのじゃないかと思います。たとえばあれを全部集めて（集めるのにまあ、お金がかかるのですけど……その資源を大切にする、金の問題じゃないとすれば、経済問題ではないということになれば、あれを集めて）たとえばパルプにまわすとか、あるいはああいうものをもう一度集めて、燃料としてそのエネルギーを有効利用するというふうになれば、プラスになるのじゃないかと思います。ただああいう安物じゃなしに、非常に上等な割箸が最近はございます。高級料理屋の割箸には多いですね。割箸じゃない箸を出すところはかえって少なくなった。そういうところのちゃんと目の通った割箸、あれはそんな廃材ではできません。あれはやはりいい材料を使っていると思います。ああいうものはあまり良い利用ではないことはもちろんです。そればかりではなしに、もう一つ悪いのは（日本は廃材でやっていたのかもわかりませんが）外国の森林、たとえば熱帯降雨林の森林、ああいう場所からもかなりの割箸の輸入が行なわれているらしい。私、一昨年（一九八八年）でしたかカナダに行きましてmade in Canadaという割箸がちゃんとできているのを知りました。あちらの日本料理屋が使っている割箸にです。聞いてみるとmade in Canadaという割箸が日本に輸入されているのです。この割箸は非常に立派な材ですから、おそらくあちらのモミかトウヒ、あるいはポプラの類ですね。ああいうようなものが使われているのじゃないかと思います。ですから、むしろ外国からの輸入品が一体どんなもので、どういう材を使っているかということを、もう一度調べてみる必要がある。割箸は賢い利用でないことは明らかですね、あれは、wise use, そういう意味では、資源を大切にしないという意味での、一つの悪いシンボルです。シンボルとしてああいう運動をやるのは私は決して悪いことではないと思います。いつでも「資源というものは大切にするものだ」というので、「自分の箸を常に持ち歩いて割箸を使わない」という考え方は、常に「資源を大切に」ということを考えてゆく。さらに割箸だけではなしに、他のものにまでも「資源を大切にしていく」ということにその人の意識がだんだんと拡大してゆけば、一つのシンボルとしては非常におもしろいものだと思います。

木材資源の浪費

まあそのようなことですが、そういう意味で木材の利用ということでこの前ちょっと一部書かされたことがあるのですが『割箸と法隆寺——森と人間の未来』（滝島恵一郎編、かんき出版）という本が出ております。割箸などというものは非常に短期間利用されて煙になってしまう。木材というものは非常にうまく使えば、これは優秀なものなのです。優れた材を作って非常に長く使えば、法隆寺のように永年使えるいうことです。一〇〇〇年以上、木で造った建物がもつわけです。ところが、最近全体としての資源の消費が激しすぎます。なんと言うのですか、耐久消費財というのですか、今の建て売りの住宅ですね。あれをごらんになったらすぐ分かると思いますが、あれは何年もつと思いますか？　だいたい私が見ておりますと二〇年がいいところです。二〇年たったら全部ぶち壊して、そしてその廃材がどこかで焼却されて灰と炭酸ガスに変わっていくわけですね。そういう意味では今の木材の全体の利用法が、非常に貴重な資源だという意味での利用法とはすっかり変わってしまった。昔は一般の民家ではそういう短期間の利用が少なかったのですが、特に大きな神社仏閣なんかでは、文化財になるような五、六百年から七、八百年あるいは一千年という建築物が、いまだに残っているわけです。一般の民家は、江戸の下町の貸家などああいう間口何間かの小さな長屋はしばしば大火事で燃えていたから、今の建て売り住宅と同じような本当にばからしい資源の消費をしておったのかもわかりませんが、今は特に良質の建築をやめて、安材で建築して早期に壊して燃やしてしまう。そういうことが非常にはやっているような気がします。もう一つは、前は古材屋というのが京都にもかなりの数ありまして、そういう壊さなくてはならない家を安く買いましてそれを解体して使えるものは全部古材として貯えておく。そうしますと次に家を建てる人がその古材を買っていってまた使った。だから一軒の家というのが全部新しい材で造られることはほとんどなく、いい古材があったらそれを使ってまた目立たない所に再利用していた。そういうことが盛んに行なわれていた。ところが今はもう古材屋というのはおそらく京都では一軒もないでしょう。全部つぶれてしまった。そしてどうするかというと、見ていると一日もかからないわけですね。あっという間につぶしてゆく。がちゃがちゃにしたものをトラックに載せて持って行くのですね。どっかで焼却してしまう。再利用しようという前に灰になってしまうということです。だから非常にローテーションが早くなってしまった。ですから木材建築を奨励するならば、少なくとも百年、さらに何百年かはもつという建築を造ってもらわないといかんのじゃないかという気がします。それというのも、森林や樹木というものの非常に大きな影響を考えなければならない時代になったからです。

緑色植物の役割

現在、地球規模で問題になっていることで「緑」ということをよく言います。「緑」と言うのはなぜかというと、炭酸ガスを吸収して炭素を貯蔵し（炭素を有機物にして貯蔵し）、そして酸素を大気中に返す。もちろん呼吸の時はその反対をやっているわけです。酸素を吸収して炭素を炭酸ガスに合成し、大気中にまた返していくわけですから、結局植物体に残る有機物というのは、その差ですね。ちょうど経済的に考えると、光合成というのは総生産と同じなのです。それから吸収を差し引いて net になったものだけが樹体として残るわけです。ところが「緑」の植物でも、その生態的な形態が各種あります。たとえば草本ですね。草本の中にも各種ある。宿根性の草本、それから全然根も残らない一年性とか二年性とかいう草本もある。また多年性で冬枯れないようなものもあります。草本にも各種ありますが、樹木というものは特に長年残る幹を持っておりまして（これは低木でもなんでもそうなのですが）、幹とか太い枝とか太い根っことか、そういうものは枯れないわけです。小枝は絶えず枯れます。葉も絶えず枯れますが、そういう主な部分は非常に長く残っている。そして炭素を有機物として貯えている。よく一般の人が「森林が酸素を出す」とか「酸素の供給源だ」と言いますが、これは嘘です。全く嘘で（皆さんもそう信じておられるかもしれませんが）、これを言ったのは横浜国立大学の宮脇という植生学者でして、このことを本に書いたらいっぺんにそれが普及して、「森林は酸素を出す」——そうじゃないのです。酸素というのは大気中に非常に多くあることは御存知でしょう。大気の成分の主要部分は窒素と酸素です。緑色植物の出す酸素は微々たるものです。むしろ問題になっているのは「炭素を貯える」というのが木の非常に大きな効用なのです。「長らく炭素を貯える」というのが。ということは、それだけ空中の炭酸ガス量のコントロールに役立つ。炭酸ガスというのは今問題になっておりますように、一般には〇・〇三％ですか？　今はもうだいぶ増えてきていて〇・〇三五％まで上がってきていると言います。ハワイのキラウェア山頂の観測所のデータでも、最近は〇・〇三五％以上になっているのじゃないでしょうか。ですけれども〇・〇三％というと三〇〇ｐｐｍに当たりますが（非常に少ない量の炭酸ガスなのですが）、生物というのは、その炭酸ガスを固定して有機物化する緑色植物に頼って生活している。だから、その空中にわずかしかない炭酸ガス量というのをコントロールするのに、非常に大きな役割を果たしている。炭素を固定するために逆に出した酸素の量というのは大気中に含まれている酸素の量に比べたら非常に微々たるもので、こんなものが出ても出なくっても大気中の今の酸素の量にはほとんど関係はありません。もちろん地球のできはじめの頃は、酸素というものは非常に少なくて、炭酸ガスは非常に多かったわけです。これは今の火星とか木星とかにしても、大気圏の大気を測ると炭酸ガスが非常に多い。ずっと過去の例から言うと、海中に緑色植物が生じて炭素を固定するようになって、だんだんと大気中の炭酸ガス量を少なくしていっている。そして石灰でしょうね、ああいうものとして、もう気体の炭素として使えない状態の岩石にしてしまった。生物（特に海洋の緑色植物）が大気中の CO_2 を減らした。そういうことがあって今の状態の大気の成分になったことは確かですが、現在の緑色植物のやっている働きはむしろ炭素の固定——大気中の炭酸ガス量を安定させる——というのが大きな役割でありまして、酸素を供給する役割は今ではほとんど微々たるもので問題にならないわけなのです。大気中の CO_2 は〇・〇三％くらいしかないのです。この量で今の生物界すべてが生活している。〇・〇三％の炭酸ガスに依存して緑色の植物は生活をしている。その緑色の植物の生産物に依存して、動物は生きているということです。ですから、むしろ「いかに大気中の炭酸ガスの量をコントロールするか」ということに緑色の植物が関係しているわけです。以前は（海洋の面積が陸地よりはるかに大きいですから）「陸地よりも、海洋の中のプランクトン、その他の光合成をする植物の固定する炭素の量のほうが、はるかに多いだろう」と言われておりました。ところが最近測ってみますと、「やはり陸の上の森林の固定する炭素のほうがはるかに大きい」というように皆が考えるようになってきております。まだはっきりそうだとは言い切れないかもしれませんが、どの国の生態学者も「陸上の緑色植物の固定する炭素、特にその中でも永らく炭素を貯えておける可能性のある木本植物の炭素固定量が非常に大きい」ということを主張するようになってまいりました。そこで、森林の大切さというのが見直されつつあるわけです。その結果として一番大きな問題となってきたのが熱帯雨林です。

破壊される熱帯雨林

熱帯雨林（rain forest）の破壊です。その破壊が非常に激しいので、それによって放出される炭酸ガス量ばかりじゃなしに、炭酸ガスを固定する能力の非常に高い熱帯雨林が急速に減少しているというのは、今重大問題になってきている。日本を含むアジアでは、「東南アジアの熱帯雨林を守れ！」という運動が盛んになってきた。それを一番破壊している元凶が日本なのです。熱帯雨林というのは東南アジアのボルネオ、フィリピン、それから南アメリカのアマゾン、さらにアフリカです。おそらく一番大きい最大の熱帯雨林はアマゾンだと思います。そのいずれも、今、急速に破壊されつつあるということです。これはだいたい南北問題が関係しておりまして、東南アジアの熱帯雨林を一番破壊して、そこから出てくる木材を利用している国は日本だと思います。それから南アメリカのアマゾンを破壊しているのは北アメリカの国々、それからアフリカの熱帯雨林の用材を使っているのはヨーロッパです。だいたいこう南北に経度で分けた三つの圏があります。日本に一番多く入ってくるのはフィリピンとインドネシアです。カリマンタン（ボルネオ）辺りの熱帯雨林の材がよく入ってくる。ここで特に言わなければならないのは、日本に入ってくる熱帯雨林の材というのは、熱帯雨林の森林蓄積の量からいえは非常に少ないものです。皆さんは（普通の日本人は）常に杉の造林地など杉ばかりから成る林を見ておりますから、雨林産のラワン類（フタバガキというfamilyの木なんですが）、あの類の木が純林状態になっているような気がしている人が非常に多い。フタバガキの林というのはフタバガキ類の樹がいっぱいあって、杉林と同じようになっていると思っている。そうじゃないのです。一〇使えるようなフタバガキの木というのは、良い所で一ヘクタールに五本ぐらいしかないのです。一〇本もあれば、これはもうなんか特別の地形とか土質とかで集まったような所で、せいぜい二—三本から五—六本くらいしかない。それを抜き伐りして持ってきているだけなのです。だからそれをうまく抜き伐りして持ってくるだけなら、二—三〇年あるいは三—四〇年もたてば、また回復して次の材が切れる可能性があるわけです。残念ながら今までの業者は安くやろうというので、ブルドーザーをもってきまして伐る木の周りをバッサとみんなひっくり返してしまうのです。そしてその伐る木一本の周りをきれいにしておいて、チェーンソーでザッと伐ってバッタリと倒してしまう。そしてそれをトレーラーで河口まで引っ張って行く。そういうかなり手荒い伐採をやっている現場に私も行きましたけれど、それくらいでは森林はまだそんなに破壊されたとは思えないのです。しかしもっとていねいにする必要はあります。どうして熱帯雨林が破壊されるのかというのは、その後にすすむ「焼き畑」です。これが非常にいけないわけです。

熱帯雨林の焼き畑

「焼き畑」というのは shifting cultivation と言うのですが、焼き畑をどうするかという問題が今、地球上の農業の大きな問題なのです。熱帯に住んでいる人たちに対して、これからの雨林の農業的利用としての焼き畑、これをどうするのかということが大問題になっております。これはもうどこの熱帯の国でも問題にしています。伐採後行なう焼き畑で、もう全部の熱帯雨林がはげてしまうのです。その後は、アランアランというススキの類の生えた荒れ地になってしまう。それ以外の木はほとんど生えてこない。生えてきてもトゲのあるような木とか、低木みたいなものしかない。再び森林にはかえりそうもない状態になってしまうのです。焼き畑をどうするかというのは、これはもうたびたびシンポジウムがありまして、いろんな国の人が集まってどうしようかということを議論しています。ここで一番良い方策になるというのは、そういう木を伐って焼き畑を作ったら、すぐまず植林をして、その植林の間で農耕をやる。植林した木が大きくなれば、そこの農耕をやめて森林に返して、新しい所で同じことをやる。それをagro-forestryと言っています。「混農林業」と言いますか、農業を混ぜた林業、agro-forestryそう言うのです。森林の造成と農業を組み合わせたものではげ地を作らないようにしようじゃないかということです。熱帯雨林で、そういう考え方で今あちらこちらで各国とも指導しております。こういう方法がひとりでに発生した一番最初の国は、今は戦争でどうにもならなくなっておりますが、ビルマ（現ミャンマー）なんです。ビルマでこういう方法をビルマの森林官がやり出した。あの国はつぶれてしまいましたが林業先進国だったのです、ビルマという国は……。ラングーン（現ヤンゴン）大学なんかは、林学では東南アジアでは非常に優れた大学でして、タイの大学でも古い教授でラングーンの大学卒業者がだいぶおりました。そういう国だったのですが、残念ながらああいうわけの分からないことになりまして、今後どういうふうになるのだか……。まあ、そういうふうな方法が考えられますが、なぜ熱帯雨林が焼き畑だけで荒れるのだろうという疑問が、また皆さんにもあるのじゃないかと思います。というのは、非常に皆さんの常識と違うところが熱帯雨林にはあるのです。

熱帯雨林の特徴

熱帯雨林というのは気候的にいいますと、温度も十分にある、それから降水量も非常に多い。その降水量も毎日来るスコールです。「熱帯雨林」と言いますから私らも、はじめ行くまでは「ちょうど日本の梅雨のようにしとしとした雨が毎日降っているのだろう。いつ行っても雨が降っている」そういうふうに思って熱帯雨林へ行ったのですが、そうじゃないのです。熱帯雨林の雨は非常に勇壮、壮大な雨です。いわゆるスコールなのです。毎日、ある時間に限ってスコールが来る。ジャーと、ものすごい雨が降る。それがあがれば非常に快適な、すがすがしい青空のお天気にすぐ変わります。だからマレー辺りの人ですと、そのスコールの時間というのが毎日少しずつ遅れていって一週間に一度くらいは無い日がある、ということをよく知っている。スコールは午後の何時かにだいたい決まってまいります。ですからその時になるとマレーの大きな町なんかが森閑としてしまう。道を歩いている人はいなくなってしまう。「スコールが来る、来るなあ」という具合にみんな引っ込んでしまうんです。そういう時に知らずに歩いている人は観光客だけです。びしょぬれになって困っているような人は……。そういう時はタクシーもなければ何もない。みんな引っ込んでしまう。ジャーとくる。それで一時間ほどたったらスーッとあがる。この間もクアラルンプールで、ちょうどスコールがすんですぐ向こうのマラヤ大学で professor と会うことになっていて、行こうと思ったのです。そうしたら近づけないのです。川が氾濫してどうにもならんのですね。タクシーも通れない。これはえらいことになったなと思っていたら、向こうの川は非常に慣れていまして、人のひざを越すくらいの水が道を流れていたのですが一時間もするとスッとひいて何もない。非常に簡単に流れてしまうのです。だから洪水になっても川がスコールに慣れているのです。スコールを流すような川にちゃんとなっている。ですから雨林の雨というのはそういう雨でして、別にしとしと降ってはいない。熱帯雨林に行ってびしょびしょになるということはありません。ただし湿度は非常に高い。夜行きますと毎日一〇〇％です。

もう完全に一〇〇%で、林内を歩くと昼間でも六—七〇%の湿度ですが、そんなに雨がびしょびしょ降ってるのじゃなしに、ゆうゆうと傘も何もなしに歩けるのが熱帯雨林なのです。

そういうふうに雨も温度も十分にあるものですから、非常に落葉・落枝の分解が速い。有機物の分解が速いので、私らが測定した結果では、熱帯雨林は一年間の落葉落枝量が一二トンくらいに計算されました。乾燥重量でです。ところがそれが一年間に全部分解してしまうのです。ですから土の上や中の有機物がきわめて少ない。日本のここらの土だと、掘ると黒く着色しています。あれは腐植です。有機物の分解過程でできた腐植というものがいっぱい含まれていまして、有機物が土の中にたくさん残っているわけです。ところが熱帯の土は有機物（そういった腐植）がほとんど無いのです。腐植がほとんど無いというのは、分解が非常に速い。分解が非常に速いので腐植が無い、ということはまた（分解されたものはもちろん吸収されているのですが）その有機物をもっているのが森林の樹体の部分に限られていて、土にはほとんど無い、というのが熱帯雨林の特徴なのです。日本みたいな温帯の森林では、樹の部分に入っている有機物の炭素の量と、土の中に入っている炭素の量が、だいたい半分ずつです。五〇%は土の中、五〇%は樹木の中に入っている。熱帯の雨林に行きますと、もう八〇%以上が樹に入っていまして土の中には二〇%も入っていない。十数%ぐらいしかありません。

それで焼き畑をしますと（その残った有機物で焼き畑をするわけですが）スコールのような豪雨がきます。表土が全部流れてしまいます。ですから、あっという間に土の中の有機物がなくなってしまうわけなのです。だから熱帯で焼き畑をやりますと、土がすぐ貧栄養になってしまう。栄養は全部川から海へ流れていってしまうのです。だから森林があってもスコールがあるものですから、有機物の分解のかなりの部分の量がすぐ川へ流れてしまう。川の水は黒味がかっている。blackish water というのです。だから林をこわせば元も子もなくなってしまう。昨今、林野庁なんかの人がフィリピンだとかマレーシア、ボルネオでも頼まれて、そういう焼き畑跡地へ森林を回復しようという努力をしております。これはもう労多くして効少なし。大変な仕事です。植えるのには肥料をうんとやって植え、さらに肥料を足して手入れして、もう一度森林の落葉落樹の分解、樹木の養分吸収、それから光合成、それらの分質の循環回転をもう一度回復してやらなかったら森林にならないわけですから、なかなか金がかかって、それでも容易に森林にならない。熱帯雨林を使うならば皆伐焼き畑をせずに、まだ森林の状態を保ちながら単木択伐をするとよい。こうすれば地中の有機物もかろうじて残っていて再生が容易だ。また、もう一度木を植えたら森林がすぐ再生するなという状態で、伐採後直ちに木を植えながら、その空きまで農耕を間作としてやっていくという、そういう方法をとらないかぎり、熱帯雨林はいったん焼き畑農耕をやれば元も子もなくなる。私がはじめて行きました時に、タイの南部のマレーシアの近くに熱帯雨林がありました。熱帯雨林を通ってパッと出たらそこに草原がありました。もちろん土はピッケルでたたいてもはねかえるほど硬いんです。その草原がどうしてできたのか、はじめは分からなかったのです。それは焼き畑のあとなのですね。すっかりやせていて、アランアランも大きくならない。ふつうアランアランというのは二メートルほどに大きくなるのですが、それも大きくならないようになる。そうなると土はコチコチになる。そんな所に木を植えたって再生の法はない。そういうのが熱帯雨林なんです。それで問題になる。

恒久的な農地の必要性

ただしもう一つ大きな問題は、熱帯雨林を破壊するなと言うならば、向こうの人たちにいかにして農地をそういう焼き畑ではない方法で恒久的に作っていくかがちゃんと指導されなければならない。常畑といいますが、いつでも畑・水田のできる場所を作っていく。そのかわり焼き畑を全部やめさせる方法を一つ考えなくてはいけない。それの一つの方法として、焼き畑ではなしにagro-forestryの方法もありますが、一方では農民を定住させる方法を考えなくては困るのです。以前、わりにうまくいったのはゴム園だったんですね。ゴム園はわりにうまくいっていまして、それで生活していたわけなのですが、ゴム園は特にマレーシアに今でもかなり多いわけですが、あれは植民地時代に大きなプランテーションとして大きな企業が持っていて、そこでマレー人が働かされていたのですが、英国人がいなくなってからマレー人が持つようになりました。今またゴムは安定した需要があるからいいのですが、ゴムの木というのはだいたいよく樹液が出る年数は三〇年くらいなのです。三〇年たつと切って植え替えなくてはいけない。それを今のマレー人が持つようになったら、なかなかやらないのです。その上に、私らから考えたら生活が非常に楽なのです。たとえば（町の女子はそんなことはないのですが）ずっと山のほうのゴム園の女子などはだいぶ大きい皆さんぐらいの女性でも、ブラジャーとパンティだけという人がたくさんいます。裸じゃないんですがね。そういう衣料だけで年中暮らせる。子供は裸で走っている。冬になってもいらんわけなのです。ですから消費量が非常に少ない。生ゴムシートが一日一軒の家で三枚くらいもできれば、結構生活ができる。毎朝ゴム液をかいて集めて生ゴムのシートを作って乾かし、何日かしてたまるとゴム屋さんが集めに来るんですね。ゴム液は集めを早朝にやっておりまして、昼間行くとベンチにぼんやり座っている人がたくさんいるのです。ある人が笑っておりましたが、インドネシアで朝、ジープで調査に行く時に、家の前のベンチでぼんやり主婦が座っていた。夕方帰ってみるとやっぱり同じ姿でまだ座っている。そういうので暮らせるのです。欲さえなければ今持っているのは携帯ラジオで、テレビまでは持ってない。山の中ですから。そのぐらいでいいことはいいのですが、ゴム園も実際にはそういうやり方だけでは長期の経営が難しい。誰かきちんと指導しないといけない。

森林破壊のメカニズム――インドネシア

それからインドネシアなどでは人口が爆発的に増えています。そういう増えた人々を全部、人口の希少なボルネオへ放り込むのです。その人々が全部焼き畑をやる。だから焼き畑をやる手先になっているのは日本人の伐採なんです。伐採のため川から道を作りまして、トレーラーの走る幹線道路を山からずっと入れて、その道をトレーラーが走るし、作業道も造っていく。それができると、その伐採跡にかたっぱしから焼き畑農民が入ってくるわけなのです。そうすると雨林はあっという間にアランアランの草地にかわってしまう。そういうのが困るのです。今インドネシアも経済的に決してうまくいっていません。そういう時に国の経済を救うのに一番いいのは、木材として森林を売ることなのです。あとの資源、たとえば地下資源というのもあります。カリマンタンには石油もありますけれど、そういうものは絶えず探査をやってボーリングをやって、それからでないと金にならない。ところが森林は、今だと航空写真一枚あればどんな森林だかだいたい分かるわけですね。地図をもってきて「おっ、これだけ何ぼで売る?」式で、日本の商社に売っているわけなのです。日本の商社はそれをバーッとブルドーザーでぶつけて伐ってくる。だから経済的にインドネシアを安定させるためには、そういうことをやらなくていいように、日本なんかがもっといい方法で助けてやらなかったら、当座の経済を支えるのに一番いいのは森林をぶった伐るということになってしまうのです。それにのっかっているのが日本の商社だということになるのです。商社に「やめろ、やめろ」といって全部やめたとします。建築用材からみて、何もラワンの類が無くてもいいのですけれど、ラワンの利用法も日本でだんだん開発されて、建築なんかでも、うまくラワンが使われるようになった。今、ラワンが全部無くなったら困るかもわかりません。それでもラワン無しでも日本は生活可能なのですけれど、肝心のインドネシアの経済がつぶれてしまうという点があるわけなのです。そこらのところに森林破壊の中で一番問題になっている熱帯雨林、炭酸ガス量で問題になっている熱帯雨林、それの伐り惜しみをさせるためには、先進国が他の方法で向こうを援助してやらなければいけない。たとえば石油なんかの探査を援助する。石油は今でもカリマンタンで出ていますけれども、新しい井戸の開発なんてほとんど行なっていないのです。全部、植民地時代のオランダがやった石油の余りを売っているみたいなものです。そういうものとか、別の、金になるようなことをインドネシアなりに考えてやらないといけないわけです。

新しい品種――IR8

それから新しい農耕の方法を教えてやらないといけない。それもなかなかうまくいかないのです。だいぶ前にスイスへ行った時、スイスの赤十字社ががっかりしている話を聞きました。だいぶ以前の話ですが、マニラに国際稲作研究所というのができました。そこで熱帯の新しい増収型のお米の品種を作り上げました。最初に作ったのはIR8という非常に有名なものなのですけど、収穫量が非常に多いお米なのですが、それはその代わり肥料をうんとやらないといけないのです。これは農学の人はご存じでしょうが、今の麦でも何にでも非常に収穫量の多い品種ができております。それは全部十分に肥料をやることによって収穫量があがるわけなのです。というわけでスイスの赤十字社が、そのIR8というイネのモミと肥料をだきあわせにしてインドネシアの農民に配ったわけです。「これだけのモミをまいて、これだけの肥料をやりなさい」と。「そうしたら、あんたの水田は倍のお米がとれます」という宣伝でやったわけです。でもインドネシアでは今まで田んぼに肥料をやったことがないので、肥料をやらなくてもできるやろ、というわけでモミだけをまいた。肥料は全部町へ売ってしまった。そうしたら結果として何も増収にはならなかった。しかも、もうひとつ悪いことにはIR8という品種は最初にできた品種で、増収の因子はもっていることは確かなのですが、味がまずい。まずい味、そこまでまだ手がまわっていなかった、今はおそらくだんだん進んでもっとうまい熱帯のお米ができていると思いますが、そういうことで誰かが言っていましたけれども、IR8というお米でインドネシアじゅうの米がまずくなってしまった。あれだったらやらないほうがましだった。収穫量がちっとも増えていないのです。というのは、肥料をやらないといかんという習慣がないわけです。同じようなことで、麦でヨーロッパでもやっぱり矮性の増収品種が非常にさかんになりまして、急速に麦の背丈が低くなってしまいました。これはもう麦秋の頃ヨーロッパに行きましたら、前の麦の背丈の半分くらいしかないのです。矮性型に増収品種が多いものですから全部そうなってしまう。だから私は笑ったのですが、昔だったらああいう麦畑の中で恋をささやくという話があったんですが、今の麦では座ったら頭が全部見えてしまうのですね。それほど低くなってしまいました。十分に肥料をやって草丈を小さくすると、養分が種子のほうにまわって収量が増える。また草丈が高いと倒伏して収量を減らすことになります。もう一つは単位耕作面積当りの光合成量を増やすとよい。これは面積当りの葉量を増やせばよい。生態学的には、稲の葉というのは垂直でなしに横に垂れます。あれを真っすぐに立つようにすると単位面積当たりの総葉面積が増えるわけです。葉面積が増えれば光合成も多くなる、光合成量が多くなればそれだけ有機物の生産が多くなる。そこへ肥料をやって実りを増やそう、こういうわけです。そういう方法で成功したのがIR8なのです。残念ながら、まずかった。しかも肥料をやる習慣がない所で「肥料やれ、肥料やれ」と言っても無理なんです。それからもう一つは、一般農民は売って儲けようという意欲があんまりないのです。毎年暮らせればいい。だから貯蓄しようという考え方もないのです。町の人に米がなかったら食えないから町へ売ってやろうという考え方はないのです。自分が食えたらいいわけです。「そんなに肥料やって倍にして、どこへその米もって行くのだ?」と、こういうわけです。最近、東南アジア研究センターの高屋教授が、東南アジアの米の生産・流通の仕方にもう一つあると書いています。それは海岸に近いほうなのですが、専ら米の貿易をしている連中がやっている米作です。それは作っている人が食うための稲作じゃなしに、専ら輸出するお米を作るという水田があるそうです。だけど一般のインドネシアの農民は自分で食えればいい。その点では余分に作っても仕方がないという思想がまだ残ってます。余分に作ってそれを外へ売り出して、それでお金にして儲けようという考え方はまだないのです。政変がさかんにあったりすると、貯蓄をしても貨幣価値が変わったりするから、そういう思想はあまりない。だいたい日本のように安定してくると、青年時代から貯金して「自動車買おうや」とかいう連中が出てくるのですが、まだそこまで経済が進んでいない。

先進国の役割

まあ、そういうことがあるのですが、熱帯雨林の破壊を止めるには、一番大きいのはその国の経済を別のことで支えてやらないと一番簡単に金にかわる森林をすぐ壊してしまう。だからカリマンタンなんかにはオランダの時代につくった保護林もありましたけれど、「ここの辺がええやろ」というので保護林まで売って金にしたりもしておりますから、そういう点を改正しない限りどうにもなりません。これは東南アジアだけではないと思いますが、アフリカでもアマゾンでも同じでしょう。アマゾンなんかは「破壊した面積はそんなにたいしたことはないんだ。そうしなかったらブラジルの農民の生きる道はないのじゃないか」というふうに反論するブラジル人もいるようですから「壊すな、壊すな」だけではいけないので、なぜそういうことが行なわれるか、それに対する対策をやはり先進国の政治が考えてやらなければいけない。それで私はよく言うのですが、ちゃんとした林業政策が確立できるような、先進的な国々から材木を買うことにはおそらくたいした問題はないのです。日本が木材を買ったから自然が壊れたと言っても、その責任は売った国にあると思うのですが、熱帯の発展途上国の材木を買うならば、それの破壊の責任は全部、買う先進国の日本が持たないといけないと思います。「あっちの国に任せてラワンを輸入したらよろしい」にはならない。マレーシアはまだましなのですが、インドネシアに行きますとまだ林業政策も何も考えずにやっている。もう目の前で「来年はこんだけ」とまあ、どんぶり勘定みたいなものですね。その犠牲になるのが森林なのです。ですからそういう意味では、伐るほうはいろいろな影響全部を考えた上でやらないかぎり、熱帯雨林の破壊というのは止まない。

日本の森林

そういう点では、先ほど言った日本の森林はまだ安心でして（もうほとんどなくなりましたけども）焼き畑というのは、古くから四国・九州・和歌山あたりではさかんにやられておりましたけれど、焼き畑をやりましても、日本は熱帯の森林みたいに「あとが野にもならない」ということにはならない。放っておいてもまた森林が再生してきます。ということは、有機物量（炭素を含む有機物）が土の中に大量にある。分解速度が遅いために、腐植として土の中に大量に貯えられている。ですから多少手荒い森林の破壊をやりましても、すぐ元に返ってくるのです。ドイツなんかも第二次大戦で日本以上に荒れたと思います。しかし、行って見ますと、もうほとんど戦争中の荒れた所は残っておりません。あっちは植林主体ではなしに、ほとんどが天然更新で新しい森林になっている。ドイツも温帯ですから土壌有機物が非常にたくさんありますので、（非常に手荒い伐採をやっぱり戦争中やったのですが）ちゃんと元に回復している。そういう点、日本は森林の安全な国であります。

それからもう一つついでに申し上げておきたいのは、よく林学の人とか林業家が「日本は陸地の七〇％近くが森林である。こんなに森林の多い国は世界中ほとんどありません。日本だけです。世界の平均は陸地の三〇％が森林です。ヨーロッパの先進国のドイツ、フランス辺りも三〇％、だから三〇％くらいの国が非常に多いのです。七〇％近くも森林面積がある国は無い。だから日本人は森林を大切にしたんだ」と言うのですが、私はそうとは思いません。なぜかというと日本は幅が狭い列島でして、しかも山が高いわけですね。脊梁山脈が平均二〇〇〇メートルくらいある。そのため山地の地形が非常に急峻なのです。これはヨーロッパの地形と比べれば一目瞭然でして、ヨーロッパでスイス－アルプスに近いところの地形には急峻な所があります。そこで「この林道は苦心して作ったのだ」というう林道を見てまいりましたが、それは日本では普通の林道でして、苦心するような林道じゃないのです。日本の山地はどこでも非常に急峻なのです。だから人々の一般に生活する場、それから農耕する場というのは、だいたい計算してみますと標高一〇〇メートル以下の丘陵地と平野部の面積が、ちょうど三〇%くらいなのです。日本の面積の残りの急峻地が七〇%で、これは今まで（縄文時代以降）開発をしようと思ってもできなかった場所。最近はそういうところまで宅地造成をやっていますけれど……六甲山あたりは非常に急峻な所に宅地造成をやっていますけれど、神戸大学なんか下から上まで上がりますともう、息せききって上がらないと上がれないような急斜面です。一番上部が教育学部でしたかね？　教養でしたかね？　下の工学部から上まで上がるのに大変時間がかかるような、非常に急峻な所で開発していますが、そういうことは今のブルドーザーなんかができたからといっても、それでも非常に危険なために進まないのです。決して自然を大切にしたから森林面積が七〇%も残ったのではなく、しようにもできなかったのが本当でしょう。統計書をずっと見ておりますとおもしろいのは、統計書の中で著しく面積が変わっておりますのは農地面積で、林地のほうはほとんどが変わっていないということです。これは地形の関係で、日本人が森林を愛しておったからではありません。むしろ森林をいかに愛しているかを調査しますと、ドイツ辺りのほうが非常に強いのです。木をいつくしみ森林を知っているのはドイツ人でありまして（フランス人もそうですが）、日本人はもう木のことを聞いても山のことを聞いてもよく知っている人はいない。以前府立大学でもそういうアンケートをしたことがありますが、林学の学生は木の名前をいろいろ書いていましたけれども、どうも重要なものを書くんじゃなしに自分の知っている珍しいものばかり書いていて、あんまり知ってい

ると は思えないのです。林学の学生すらそんなことですから、文学部の学生だったら何も書けないと笑ったのですが、まあその程度が一般の日本人かと思います。私はばかにしているわけではないのですが、日本人は決して森林を愛しているわけではないと思います。

シンボルとしての割箸廃止運動

そういうことで今日の話も時間になりましたが、とにかく結論的に言いますと、こういう割箸問題の場合いろいろあるのですが、これは一つのシンボルとして「割箸を使わない」「いつも自分の箸をもって歩く」と、資源愛護ということを自分の頭へ身近にたたきこむのにはいいのですが、「割箸を使わなかったから日本の森林が多くなり、よくなる」ということは、先ほども言ったように「門松をやめたから日本の森林が（松林が）はげなかった、蘇った」ということが無いのと同様でございまして、決して影響のあることではありません。シンボルとして割箸を使わないと、先ほども言ったように今みたいに安建築をしていらなくなると簡単に（それは安上がりかもしれませんけれども）ブルドーザーであっという間に壊してしまい、その材木の中で非常にいいのがあっても使わない、そういうことはなくなっていくかもしれません。「やはり古材は古材として再生するような工夫をする必要がある」と思うようになるかもしれません。このあいだ私の近所で一軒の大きな農家が壊されました。この一軒の跡地に、今かなり大きな家が六軒も建ちました。その農家は藁葺きの立派な農家でいろいろ立派な農器具があったのですが、どうするのかと思っていたらあっという間に農器具も何もかもみんなぶち壊して（そうして柱なんか尺角の柱なのですが）それもめちゃめちゃにして、ダンプで持って行ってしまってそれでおしまい。あれだけの古い農家だったらいろんな古い時代の農器具がうんとあったのです。それも私がもし、もうちょっと早く気が付いていたら止められるところだったのですが、気が付いた時にはもう何もかも全部ぶち壊していた。そういう式のぶち壊しをやっておるわけです。それはごく最近になってからです、古材を使わなくなったのは。だからだんだんと割箸から進んで行って、「資源を愛護するということがどういうことか」ということを皆さんがお考えになるきっかけになるという点では、私は割箸廃止運動を買ってもいいのではないかと思います。ただしあの運動そのものは資源愛護にはあまり関係はありません。ただ先ほども言ったように、外国から入ってくるものをもう一度お調べになるといいと思います。資源愛護ということを中心にして、これからの経済というもののあり方を考えていかねばならないと思います。

資源愛護を加えて、経済を考える必要があります。このあいだも話していたのですが、たとえば経済面で一次産業・二次産業・三次産業と三つに分けていますが、一次産業はすでに全滅です。補助金がなかったらもう何も成り立たない。一次産業は全部そうでしょう。石炭を掘るのも、日本の石炭はだめになってしまった。あれはうんと補助金を出さないかぎり石炭は掘れないし（まあ使えないし）、お米もそうです、助成金がなかったら作れないし、一次産業は全滅。それから二次産業はあまり変わらず、今伸びているのは三次産業ばかりです。今は要するに、三次産業っていうのは物価が上がっているからそのサービス関係で生きてていいことになるのですが、二次産業もあまり伸びない。皆さんの就職で二次産業に就職する人はそれほど増えず、ほとんどがサービス業に就職しています。今の若い人はそれで食っているのです。だいぶ前ですが、府の総合開発の委員をやっていました時に、座長の産業大学の学長に質問したのです。「一・二・三次産業の好ましい比率があるのではないか？」ということをです。しかし解答は「分からない」ということでした。そういうようなことで、どうも経済そのものがおかしい。成長率というのも下がってきていますが（あれは0でも生きられるんじゃないかと思いますが）、その五％とかが、いつでも「成長した成長した」ってことで「好景気が続く」と言うのですが、それは価格に吸収されてしまって物が高くなるだけのことです。物が高くなって何がよかったかというと、それはサービス業だけが繁栄していくということです。もう京都の街をみてもほとんどがサービス業でしょう。サービス業で食っているのは、もとは一・二次産業の生産費に価格の上のせをして食っているだけです。あれでいいんですかね？　私は経済のことは分かりませんけれど。そんなことも加えて、資源というものをもっとよく考えた生活をして、その「シンボルとして割箸をどう考えるか」ということが、私はこれからの問題だと思います。

初出一覧

I

海外森林の旅

熱帯雨林にて――『グリーンパワー』（朝日新聞社）一九九二年冬月に連載
タイの森林――同右
砂漠の国にて――同右
シベリアの森林――同右
草原の旅――同右
カナディアン・ロッキーにて――同右
フィンランドの森林――同右

II

森林・生態学・林業

森林と林業を考える――『森が生れる』（ヤマギシ会）一九九四年十一月
環境問題と開発――書き下し
自然と人々――書き下し

緑をふやそう——書き下し
自然について——書き下し
気象災害について——『砂防法』一九九三年九月
子供と自然——書き下し
自然保護について——『関西自然保護機構会報』一九九四年一月
オリジナリティについて——『関西自然保護機構会報』一九九九年四月
長野営林局紀行——『長野林友』一九六五年六月

III

森林・環境・樹木

ブナ林の保続を考える——『ブナ帯文化』(思索社) 一九八五年
京都の緑のなかの糺の森——『下鴨神社糺森顕彰会報』
オリンピック・オーク——『関西自然保護機構会報』一九九九年八月
エゾシカの捕獲問題——『関西自然保護機構会報』一九九九年八月
イネ科(禾本科)植物の稈のパルプ化について——『関西自然保護機構会報』一九九九年四月
都市の自然——『NUE』第2号、一九九六年九月
森林と孤立木——『関西自然保護機構会報』一九九七年
林業用種苗の産地問題について——『関西自然保護機構』一九九六年
外国樹種導入をめぐって——『関西自然保護機構会報』一九九八年
故郷山科の記憶——『史料京都の歴史』月報(平凡社)、一九八八年三月

室町時代と農林業――『関西自然保護機構会報』一九九八年四月

Ⅳ 割箸をなくせば森林を救えるか（講演録）――京都府立大学学生集会（一九九三年）

著者略歴

四手井綱英（しでい　つなひで）

1911年京都に生まれる．京都大学農学部林学科卒業．森林生態学専攻．農学博士．秋田営林局，山林局，林業試験場などに勤め，京都大学教授，京都府立大学学長を経て，京都大学名誉教授．著書に『森林』『森林保護学』『日本の森林』『松と人生』『森の生態学』『もりやはやし』『山と森の人々』『落葉広葉図譜』『森に学ぶ』『言い残したい森の話』などがある．

ものと人間の文化史　53-Ⅲ・森林Ⅲ

2000年４月１日　初版第１刷発行
2010年６月10日　　第２刷発行

発行所　財団法人　法政大学出版局
〒102-0073　東京都千代田区九段北3-2-7
電話03(5214)5540／振替00160-6-95814
印刷／三和印刷　製本／誠製本

Printed in Japan

ISBN 978-4-588-20533-0　C0320

ものと人間の文化史

★第9回梓会出版文化賞受賞

人間が〈もの〉とのかかわりを通じて営々と築いてきた暮らしの足跡を具体的に辿りつつ文化・文明の基礎を問いなおす。手づくりの〈もの〉の記憶が失われ、〈もの〉離れが進行する危機の時代におくる豊穣な百科叢書。

1 船　須藤利一編

海国日本では古来、漁業・水運・交易はもとより、大陸文化も船によって運ばれた。本書は造船技術、航海の模様の推移を中心に、漂流、船霊信仰、伝説の数々を語る。四六判368頁　'68

2 狩猟　直良信夫

人類の歴史は狩猟から始まった。本書は、わが国の遺跡に出土する獣骨、猟具の実証的考察をおこないながら、狩猟をつうじて発展した人間の知恵と生活の軌跡を辿る。四六判272頁　'68

3 からくり　立川昭二

〈からくり〉は自動機械であり、驚嘆すべき庶民の技術的創意がこめられている。本書は、日本と西洋のからくりを発掘・復元・遍歴し、埋もれた技術の水脈をさぐる。四六判410頁　'69

4 化粧　久下司

美を求める人間の心が生みだした化粧—その手法と道具に語らせた人間の欲望と本性、そして社会関係。歴史を遡り、全国を踏査して書かれた比類ない美と醜の文化史。四六判368頁　'70

5 番匠　大河直躬

番匠はわが国中世の建築工匠。地方・在地を舞台に開花した彼らの造型・装飾・工法等の諸技術、さらに信仰と生活等、職人以前の独自で多彩な工匠的世界を描き出す。四六判288頁　'71

6 結び　額田巌

〈結び〉の発達は人間の叡知の結晶である。本書はその諸形態および技法を作業・装飾・象徴の三つの系譜に辿り、〈結び〉のすべてを民俗学的・人類学的に考察する。四六判264頁　'72

7 塩　平島裕正

人類史に貴重な役割を果たしてきた塩をめぐって、発見から伝承・製造技術の発展過程にいたる総体を歴史的に描き出すとともに、その多彩な効用と味覚の秘密を解く。四六判272頁　'73

8 はきもの　潮田鉄雄

田下駄・かんじき・わらじなど、日本人の生活の礎となってきた伝統的はきものの成り立ちと変遷を、二〇年余の実地調査と細密な観察・描写によって辿る庶民生活史　四六判280頁　'73

9 城　井上宗和

古代城塞・城柵から近世代名の居城として集大成されるまでの日本の城の変遷を辿り、文化の各領野で果たしてきたその役割を再検討。あわせて世界城郭史に位置づける。四六判310頁　'73

10 竹　室井綽

食生活、建築、民芸、造園、信仰等々にわたって、竹と人間との交流史は驚くほど深く永い。その多岐にわたる発展の過程を個々に辿り、竹の特異な性格を浮彫にする。四六判324頁　'73

11 海藻　宮下章

古来日本人にとって生活必需品とされてきた海藻をめぐって、その採取・加工法の変遷、商品としての流通史および神事・祭事での役割に至るまでを歴史的に考証する。四六判330頁　'74

12 **絵馬** 岩井宏實

古くは祭礼における神への献馬にはじまり、民間信仰と絵画のみごとな結晶として民衆の手で描かれ祀り伝えられてきた各地の絵馬を豊富な写真と史料によってたどる。四六判302頁 '74

13 **機械** 吉田光邦

畜力・水力・風力などの自然のエネルギーを利用し、幾多の改良を経て形成された初期の機械の歩みを検証し、日本文化の形成における科学・技術の役割を再検討する。四六判242頁 '74

14 **狩猟伝承** 千葉徳爾

狩猟には古来、感謝と慰霊の祭祀がともない、人獣交渉の豊かで意味深い歴史があった。狩猟用具、巻物、儀式具、またけものたちの生態を通して語る狩猟文化の世界。四六判346頁 '75

15 **石垣** 田淵実夫

採石から運搬、加工、石積みに至るまで、石垣の造成をめぐって積み重ねられてきた石工たちの苦闘の足跡を掘り起こし、その独自な技術の形成過程と伝承を集成する。四六判224頁 '75

16 **松** 高嶋雄三郎

日本人の精神史に深く根をおろした松の伝承に光を当て、食用、薬用等の実用の松、祭祀・観賞用の松、さらに文学・芸能・美術に表現された松のシンボリズムを説く。四六判342頁 '75

17 **釣針** 直良信夫

人と魚との出会いから現在に至るまで、釣針がたどった一万有余年の変遷を、世界各地の遺跡出土物を通して実証しつつ、漁撈によって生きた人々の生活と文化を探る。四六判278頁 '76

18 **鋸** 吉川金次

鋸鍛冶の家に生まれ、鋸の研究を生涯の課題とする著者が、出土遺品や文献・絵画により各時代の鋸を復元・実験し、庶民の手仕事にみられる驚くべき合理性を実証する。四六判360頁 '76

19 **農具** 飯沼二郎／堀尾尚志

鍬と犂の交代・進化の歩みとして発達したわが国農耕文化の発展経過を世界史的視野において再検討しつつ、無名の農民たちによる驚くべき創意のかずかずを記録する。四六判220頁 '76

20 **包み** 額田巖

結びとともに文化の起源にかかわる〈包み〉の系譜を人類史的視野において捉え、衣・食・住をはじめ社会・経済史、信仰、祭事などにおけるその実際と役割とを描く。四六判354頁 '77

21 **蓮** 阪本祐二

仏教における蓮の象徴的位置の成立と深化、美術・文芸等に見る人間とのかかわりを歴史的に考察。また大賀蓮はじめ多様な品種とその来歴を紹介しつつその美を語る。四六判306頁 '77

22 **ものさし** 小泉袈裟勝

ものをつくる人間にとって最も基本的な道具であり、数千年にわたって社会生活を律してきたその変遷を実証的に追求し、歴史の中で果たしてきた役割を浮彫りにする。四六判314頁 '77

23-I **将棋I** 増川宏一

その起源を古代インドに、我国への伝播の道すじを海のシルクロードに探り、また伝来後一千年におよぶ日本将棋の変化と発展を盤、駒、ルール等にわたって跡づける。四六判280頁 '77

23-Ⅱ 将棋Ⅱ 増川宏一
わが国伝来後の普及と変遷を貴族や武家・豪商の日記等に博捜し、遊戯者の歴史をあとづけると共に、中国伝来説の誤りを正し、将棋宗家の位置と役割を明らかにする。四六判346頁 '85

24 湿原祭祀 第2版 金井典美
古代日本の自然環境に着目し、各地の湿原聖地を稲作社会との関連において捉え直して古代国家成立の背景を浮彫にしつつ、水と植物にまつわる日本人の宇宙観を探る。四六判410頁 '77

25 臼 三輪茂雄
臼が人類の生活文化の中で果たしてきた役割を、各地に遺る貴重な民俗資料・伝承と実地調査にもとづいて解明。失われゆく道具のなかに、未来の生活文化の姿を探る。四六判412頁 '78

26 河原巻物 盛田嘉徳
中世末期以来の被差別部落民が生きる権利を守るために偽作し護り伝えてきた河原巻物を全国にわたって踏査し、そこに秘められた最底辺の人びとの叫びに耳を傾ける。四六判226頁 '78

27 香料 日本のにおい 山田憲太郎
焼香供養の香から趣味としての薫物へ、さらに沈香木を焚く香道へと変遷した日本の「匂い」の歴史を豊富な史料に基づいて辿り、我国風俗史の知られざる側面を描く。四六判370頁 '78

28 神像 神々の心と形 景山春樹
神仏習合によって変貌しつつも、常にその原型＝自然を保持してきた日本の神々の造型を図像学的方法によって捉え直し、その多彩な形象に日本人の精神構造をさぐる。四六判342頁 '78

29 盤上遊戯 増川宏一
祭具・占具としての発生を『死者の書』をはじめとする古代の文献にさぐり、形状・遊戯法を分類しつつその〈進化〉の過程を考察。〈遊戯者たちの歴史〉をも跡づける。四六判326頁 '78

30 筆 田淵実夫
筆の里・熊野に筆づくりの現場を訪ねて、筆匠たちの境涯と製筆の由来を克明に記録しつつ、筆の発生と変遷、種類、製筆法、さらには筆塚、筆供養にまで説きおよぶ。四六判204頁 '78

31 ろくろ 橋本鉄男
日本の山野を漂移しつづけ、高度の技術文化と幾多の伝説とをもたらした特異な旅職集団＝木地屋の生態を、その呼称、地名、伝承、文書等をもとに生き生きと描く。四六判460頁 '79

32 蛇 吉野裕子
日本古代信仰の根幹をなす蛇巫をめぐって、祭事におけるさまざまな蛇の「もどき」や各種の蛇の造型・伝承に鋭い考証を加え、忘れられたその呪性を大胆に暴き出す。四六判250頁 '79

33 鋏（はさみ） 岡本誠之
梃子の原理の発見から鋏の誕生に至る過程を推理し、日本鋏の特異な歴史的位置を明らかにするとともに、刀鍛冶等から転進した鋏職人たちの創意と苦闘の跡をたどる。四六判396頁 '79

34 猿 廣瀬鎮
嫌悪と愛玩、軽蔑と畏敬の交錯する日本人とサルとの関わりあいの歴史を、狩猟伝承や祭祀・風習、美術・工芸や芸能のなかに探り、日本人の動物観を浮彫りにする。四六判292頁 '79

35 **鮫** 矢野憲一
神話の時代から今日まで、津々浦々につたわるサメの伝承とサメをめぐる海の民俗を集成し、神饌、食用、薬用等に活用されてきたサメと人間のかかわりの変遷を描く。四六判292頁 '79

36 **枡** 小泉袈裟勝
米の経済の枢要をなす器として千年余にわたり日本人の生活の中に生きてきた枡の変遷をたどり、記録・伝承をもとにこの独特な計量器が果たした役割を再検討する。四六判322頁 '80

37 **経木** 田中信清
食品の包装材料として近年まで身近に存在した経木の起源を、こけら経や塔婆、木簡、屋根板等に遡って明らかにし、その製造・流通に携った人々の労苦の足跡を辿る。四六判288頁 '80

38 **色** 染と色彩 前田雨城
わが国古代の染色技術の復元と文献解読をもとに日本色彩史を体系づけ、赤・白・青・黒等におけるわが国独自の色彩感覚を探りつつ日本文化における色の構造を解明。四六判320頁 '80

39 **狐** 陰陽五行と稲荷信仰 吉野裕子
その伝承と文献を渉猟しつつ、中国古代哲学＝陰陽五行の原理の応用という独自の視点から、謎とされてきた稲荷信仰と狐との密接な結びつきを明快に解き明かす。四六判232頁 '80

40-I **賭博I** 増川宏一
時代、地域、階層を超えて連綿と行なわれてきた賭博。——その起源を古代の神判、スポーツ、遊戯等の中に探り、抑圧と許容の歴史を物語る。全III分冊の〈総説篇〉。四六判298頁 '80

40-II **賭博II** 増川宏一
古代インド文学の世界からラスベガスまで、賭博の形態・用具・方法の時代的特質を明らかにし、夥しい禁令に賭博の不滅のエネルギーを見る。全III分冊の〈外国篇〉。四六判456頁 '82

40-III **賭博III** 増川宏一
聞香、闘茶、笠附等、わが国独特の賭博を中心にその具体例を網羅し、方法の変遷に賭博の時代性を探りつつ禁令の改廃に時代の賭博観を追う。全III分冊の〈日本篇〉。四六判388頁 '83

41-I **地方仏I** むしゃこうじ・みのる
古代から中世にかけて全国各地で作られた無銘の仏像を訪ね、素朴で多様なノミの跡に民衆の祈りと地域の願望を探る。宗教の伝播、文化の創造を考える異色の紀行。四六判256頁 '80

41-II **地方仏II** むしゃこうじ・みのる
紀州や飛騨を中心に草の根の仏たちを訪ねて、その相好と像容の魅力を探り、技法を比較考証して仏像彫刻史に位置づけつつ、中世地域社会の形成と信仰の実態に迫る。四六判260頁 '97

42 **南部絵暦** 岡田芳朗
田山・盛岡地方で「盲暦」として古くから親しまれてきた独得の絵解き暦を詳しく紹介しつつその全体像を復元する。その無類の生活暦は、南部農民の哀歓をつたえる。四六判288頁 '80

43 **野菜** 在来品種の系譜 青葉高
蕪、大根、茄子等の日本在来野菜をめぐって、その渡来・伝播経路、品種分布と栽培のいきさつを各地の伝承や古記録をもとに辿り、畑作文化の源流とその風土を描く。四六判368頁 '81

54 **海老**（えび） 酒向昇
人類との出会いからエビの科学、漁法、さらには調理法を語り、めでたい姿態と色彩にまつわる多彩なエビの民俗を、地名や人名、詩歌・文学、絵画や芸能の中に探る。四六判４２８頁 '85

55-Ⅰ **藁**（わら）Ⅰ 宮崎清
稲作農耕とともに二千年余の歴史をもち、日本人の全生活領域に生きてきた藁の文化を日本文化の原型として捉え、風土に根ざしたそのゆたかな遺産を詳細に検討する。四六判４００頁 '85

55-Ⅱ **藁**（わら）Ⅱ 宮崎清
床・畳から壁・屋根にいたる住居における藁の製作・使用のメカニズムを明らかにし、日本人の生活空間における藁の役割を見なおすとともに、藁の文化の復権を説く。四六判４００頁 '85

56 **鮎** 松井魁
清楚な姿態と独特な味覚によって、日本人の目と舌を魅了しつづけてきたアユ――その形態と分布、生態、漁法等を詳述し、古今のアユ料理や文芸にみるアユにおよぶ。四六判２９６頁 '86

57 **ひも** 額田巌
物と物、人と物とを結びつける不思議な力を秘めた「ひも」の謎を追って、民俗学的視点から多角的なアプローチを試みる。『結び』、『包み』につづく三部作の完結篇。四六判２５０頁 '86

58 **石垣普請** 北垣聰一郎
近世石垣の技術者集団「穴太」の足跡を辿り、各地城郭の石垣遺構の実地調査と資料・文献をもとに石垣普請の歴史的系譜を復元しつつ石工たちの技術伝承を集成する。四六判４３８頁 '87

59 **碁** 増川宏一
その起源を古代の盤上遊戯に探ると共に、定着以来二千年の歴史を時代の状況や遊び手の社会環境との関わりにおいて跡づける。逸話や伝説を排して綴る初の囲碁全史。四六判３６６頁 '87

60 **日和山**（ひよりやま） 南波松太郎
千石船の時代、航海の安全のために観天望気した日和山――多くは忘れられ、あるいは失われた船舶・航海史の貴重な遺跡を追って、全国津々浦々におよんだ調査紀行。四六判３８２頁 '88

61 **篩**（ふるい） 三輪茂雄
臼とともに人類の生産活動に不可欠な道具であった篩、箕(み)、笊(ざる)の多彩な変遷を豊富な図解入りでたどり、現代技術の先端に再生するまでの歩みをえがく。四六判３３４頁 '89

62 **鮑**（あわび） 矢野憲一
縄文時代以来、貝肉の美味と貝殻の美しさによって日本人を魅了し続けてきたアワビ――その生態と養殖、神饌としての歴史、漁法、螺鈿の技法からアワビ料理に及ぶ。四六判３４４頁 '89

63 **絵師** むしゃこうじ・みのる
日本古代の渡来画工から江戸前期の菱川師宣まで、時代の代表的絵師の列伝で辿る絵画制作の文化史。前近代社会における絵画の意味や芸術創造の社会的条件を考える。四六判２３０頁 '90

64 **蛙**（かえる） 碓井益雄
動物学の立場からその特異な生態を描き出すとともに、和漢洋の文献資料を駆使して故事・習俗・神事・民話・文芸・美術工芸にわたる蛙の多彩な活躍ぶりを活写する。四六判３８２頁 '89

65-Ⅰ 藍（あい）Ⅰ　風土が生んだ色　竹内淳子

全国各地の〈藍の里〉を訪ねて、藍栽培から染色・加工のすべてにわたり、藍とともに生きた人々の伝承を克明に描き、風土と人間が生んだ〈日本の色〉の秘密を探る。四六判４１６頁　’91

65-Ⅱ 藍（あい）Ⅱ　暮らしが育てた色　竹内淳子

日本の風土に生まれ、伝統に育てられた藍が、今なお暮らしの中で生き生きと活躍しているさまを、手わざに生きる人々との出会いを通じて描く。藍の里紀行の続篇。四六判４０６頁　’99

66 橋　小山田了三

丸木橋・舟橋・吊橋から板橋・アーチ型石橋まで、人々に親しまれてきた各地の橋を訪ねて、その来歴と築橋の技術伝承を辿り、土木文化の伝播・交流の足跡をえがく。四六判３１２頁　’91

67 箱　宮内悊

日本の伝統的な箱（櫃）と西欧のチェストを比較文化史の視点から考察し、居住・収納・運搬・装飾の各分野における箱の重要な役割とその多彩な文化を浮彫りにする。四六判３９０頁　’91

68-Ⅰ 絹Ⅰ　伊藤智夫

養蚕の起源を神話や説話に探り、伝来の時期とルートを跡づけ、記紀・万葉の時代から近世に至るまで、それぞれの時代・社会・階層が生み出した絹の文化を描き出す。四六判３０４頁　’92

68-Ⅱ 絹Ⅱ　伊藤智夫

生糸と絹織物の生産と輸出が、わが国の近代化にはたした役割を描くと共に、養蚕の道具、信仰や庶民生活にわたる養蚕と絹の民俗、さらには蚕の種類と生態におよぶ。四六判２９４頁　’92

69 鯛（たい）　鈴木克美

古来「魚の王」とされてきた鯛をめぐって、その生態・味覚から漁法、祭り、工芸、文芸にわたる多彩な伝承文化を語りつつ、鯛と日本人とのかかわりの原点をさぐる。四六判４１８頁　’92

70 さいころ　増川宏一

古代神話の世界から近現代の博徒の動向まで、さいころの役割を各時代・社会に位置づけ、木の実や貝殻のさいころから投げ棒型や立方体のさいころへの変遷をたどる。四六判３７４頁　’92

71 木炭　樋口清之

炭の起源から炭焼、流通、経済、文化にわたる木炭の歩みを歴史・考古・民俗の知見を総合して描き出し、独自で多彩な文化を育んできた木炭の尽きせぬ魅力を語る。四六判２９６頁　’93

72 鍋・釜（なべ・かま）　朝岡康二

日本をはじめ韓国、中国、インドネシアなど東アジアの各地を歩きながら鍋・釜の製作と使用の現場に立ち会い、調理をめぐる庶民生活の変遷とその交流の足跡を探る。四六判３２６頁　’93

73 海女（あま）　田辺悟

その漁の実際と社会組織、風習、信仰、民具などを克明に描くとともに海女の起源・分布・交流を探り、わが国漁撈文化の古層としての海女の生活と文化をあとづける。四六判２９４頁　’93

74 蛸（たこ）　刀禰勇太郎

蛸をめぐる信仰や多彩な民間伝承を紹介するとともに、その生態・分布・捕獲法・繁殖と保護・調理法などを集成し、日本人と蛸との知られざるかかわりの歴史を探る。四六判３７０頁　’94

75 曲物（まげもの）　岩井宏實

桶・樽出現以前から伝承され、古来最も簡便・重宝な木製容器として愛用された曲物の加工技術と機能・利用形態の変遷をさぐり、手づくりの「木の文化」を見なおす。四六判318頁 '94

76-Ⅰ 和船Ⅰ　石井謙治

江戸時代の海運を担った千石船（弁才船）について、その構造と技術、帆走性能を綿密に調査し、通説の誤りを正すとともに、海難と信仰、船絵馬等の考察にもおよぶ。四六判436頁 '95

76-Ⅱ 和船Ⅱ　石井謙治

造船史から見た著名な船を紹介し、遣唐使船や遣欧使節船、幕末の洋式船における外国技術の導入について論じつつ、船の名称と船型を海船・川船にわたって解説する。四六判316頁 '95

77-Ⅰ 反射炉Ⅰ　金子功

日本初の佐賀鍋島藩の反射炉と精練方＝理化学研究所、島津藩の反射炉と集成館＝近代工場群を軸に、日本の産業革命の時代における人と技術を現地に訪ねて発掘する。四六判244頁 '95

77-Ⅱ 反射炉Ⅱ　金子功

伊豆韮山の反射炉をはじめ、全国各地の反射炉建設にかかわった有名無名の人々の足跡をたどり、開国か攘夷かに揺れる幕末の政治と社会の悲喜劇をも生き生きと描く。四六判226頁 '95

78-Ⅰ 草木布（そうもくふ）Ⅰ　竹内淳子

風土に育まれた布を求めて全国各地を歩き、木綿普及以前に山野の草木を利用して豊かな衣生活文化を築き上げてきた庶民の知られざる知恵のかずかずを実地にさぐる。四六判282頁 '95

78-Ⅱ 草木布（そうもくふ）Ⅱ　竹内淳子

アサ、クズ、シナ、コウゾ、カラムシ、フジなどの草木の繊維から、どのようにして糸を採り、布を織っていたのか――聞書きをもとに忘れられた技術と文化を発掘する。四六判282頁 '95

79-Ⅰ すごろくⅠ　増川宏一

古代エジプトのセネト、ヨーロッパのバクギャモン、中近東のナルド、中国の双陸などの系譜に日本の盤雙六を位置づけ、遊戯・賭博としてのその数奇なる運命を辿る。四六判312頁 '95

79-Ⅱ すごろくⅡ　増川宏一

ヨーロッパの鵞鳥のゲームから日本中世の浄土双六、近世の華麗な絵双六、さらには近現代の少年誌の附録まで、絵双六の変遷を追って時代の社会・文化を読みとる。四六判390頁 '95

80 パン　安達巖

古代オリエントに起ったパン食文化が中国・朝鮮を経て弥生時代の日本に伝えられたことを史料と伝承をもとに解明し、わが国パン食文化二〇〇〇年の足跡を描き出す。四六判260頁 '96

81 枕（まくら）　矢野憲一

神さまの枕・大嘗祭の枕から枕絵の世界まで、人生の三分の一を共に過す枕をめぐって、その材質の変遷を辿り、伝説と怪談、俗信と民俗、エピソードを興味深く語る。四六判252頁 '96

82-Ⅰ 桶・樽（おけ・たる）Ⅰ　石村真一

日本、中国、朝鮮、ヨーロッパにわたる厖大な資料を集成してその豊かな文化の系譜を探り、東西の木工技術史を比較しつつ世界史的視野から桶・樽の文化を描き出す。四六判388頁 '97

82-Ⅱ 桶・樽（おけ・たる）Ⅱ　石村真一
多数の調査資料と絵画・民俗資料をもとにその製作技術を復元し、東西の木工技術を比較考証しつつ、技術文化史の視点から桶・樽製作の実態とその変遷を跡づける。　四六判372頁　'97

82-Ⅲ 桶・樽（おけ・たる）Ⅲ　石村真一
樹木と人間とのかかわり、製作者と消費者とのかかわりを通じて桶樽と生活文化の変遷を考察し、木材資源の有効利用という視点から桶樽の文化史的役割を浮彫にする。　四六判352頁　'97

83-Ⅰ 貝Ⅰ　白井祥平
世界各地の現地調査と文献資料を駆使して、古来至高の財宝とされてきた宝貝のルーツとその変遷を探り、貝と人間とのかかわりの歴史を「貝貨」の文化史として描く。　四六判386頁　'97

83-Ⅱ 貝Ⅱ　白井祥平
サザエ、アワビ、イモガイなど古来人類とかかわりの深い貝をめぐって、その生態・分布・地方名、装身具や貝貨としての利用法などを豊富なエピソードを交えて語る。　四六判328頁　'97

83-Ⅲ 貝Ⅲ　白井祥平
シンジュガイ、ハマグリ、アカガイ、シャコガイなどをめぐって世界各地の民族誌を渉猟し、それらが人類文化に残した足跡を辿る。参考文献一覧／総索引を付す。　四六判392頁　'97

84 松茸（まつたけ）　有岡利幸
秋の味覚として古来珍重されてきた松茸の由来を求めて、稲作文化と里山（松林）の生態系から説きおこし、日本人の伝統的生活文化の中に松茸流行の秘密をさぐる。　四六判296頁　'97

85 野鍛冶（のかじ）　朝岡康二
鉄製農具の製作・修理・再生を担ってきた農鍛冶の歴史的役割を探り、近代化の大波の中で変貌する職人技術の実態をアジア各地のフィールドワークを通して描き出す。　四六判280頁　'98

86 稲　品種改良の系譜　菅　洋
作物としての稲の誕生、稲の渡来と伝播の経緯から説きおこし、明治以降主として庄内地方の民間育種家の手によって飛躍的発展をとげたわが国品種改良の歩みを描く。　四六判332頁　'98

87 橘（たちばな）　吉武利文
永遠のかぐわしい果実として日本の神話・伝説に特別の位置を占めて語り継がれてきた橘をめぐって、その育まれた風土とかずかずの伝承の中に日本文化の特質を探る。　四六判286頁　'98

88 杖（つえ）　矢野憲一
神の依代としての杖や仏教の錫杖に杖と信仰とのかかわりを探り、人類が突きつつ歩んだその歴史と民俗を興味ぶかく語る。多彩な材質と用途を網羅した杖の博物誌。　四六判314頁　'98

89 もち（糯・餅）　渡部忠世／深澤小百合
モチイネの栽培・育種から食品加工、民俗、儀礼にわたってそのルーツと伝承の足跡をたどり、アジア稲作文化という広範な視野からこの特異な食文化の謎を解明する。　四六判330頁　'98

90 さつまいも　坂井健吉
その栽培の起源と伝播経路を跡づけるとともに、わが国伝来後四百年の経緯を詳細にたどり、世界に冠たる育種と栽培・利用法を築いた人々の知られざる足跡をえがく。　四六判328頁　'99

91 珊瑚（さんご） 鈴木克美

海岸の自然保護に重要な役割を果たす岩石サンゴから宝飾品として知られる宝石サンゴまで、人間生活と深くかかわってきたサンゴの多彩な姿を人類文化史として描く。 四六判370頁 '99

92-I 梅I 有岡利幸

万葉集、源氏物語、五山文学などの古典や天神信仰に表れた梅の足跡を克明に辿りつつ日本人の精神史に刻印された梅を浮彫にし、梅と日本人の二〇〇〇年史を描く。 四六判274頁 '99

92-II 梅II 有岡利幸

その植生と栽培、伝承、梅の名所や鑑賞法の変遷から戦前の国定教科書に表れた梅まで、梅と日本人との多彩なかかわりを探り、桜との対比において梅の文化史を描く。 四六判338頁 '99

93 木綿口伝（もめんくでん） 第2版 福井貞子

老女たちからの聞書を経糸とし、厖大な遺品・資料を緯糸として、母から娘へと幾代にも伝えられた手づくりの木綿文化を掘り起し、近代の木綿の盛衰を描く。増補版 四六判336頁 '00

94 合せもの 増川宏一

「合せる」には古来、一致させるの他に、競う、闘う、比べる等の意味があった。貝合せや絵合せ等の遊戯・賭博を中心に、広範な人間の営みを「合せる」行為に辿る。 四六判300頁 '00

95 野良着（のらぎ） 福井貞子

明治初期から昭和四〇年までの野良着を収集・分類・整理し、それらの用途と年代、形態、材質、重量、呼称などを精査して、働く庶民の創意にみちた生活史を描く。 四六判292頁 '00

96 食具（しょくぐ） 山内昶

東西の食文化に関する資料を渉猟し、食法の違いを人間の自然に対するかかわり方の違いとして捉えつつ、食具を人間と自然をつなぐ基本的な媒介物として位置づける。 四六判292頁 '00

97 鰹節（かつおぶし） 宮下章

黒潮からの贈り物・カツオの漁法から鰹節の製法や食法、商品としての流通までを歴史的に展望するとともに、沖縄やモルジブ諸島の調査をもとにそのルーツを探る。 四六判382頁 '00

98 丸木舟（まるきぶね） 出口晶子

先史時代から現代の高度文明社会まで、もっとも長期にわたり使われてきた刳り舟に焦点を当て、その技術伝承を辿りつつ、森や水辺の文化の広がりと動態をえがく。 四六判324頁 '01

99 梅干（うめぼし） 有岡利幸

日本人の食生活に不可欠の自然食品・梅干をつくりだした先人たちの知恵に学ぶとともに、健康増進に驚くべき薬効を発揮する、その知られざるパワーの秘密を探る。 四六判300頁 '01

100 瓦（かわら） 森郁夫

仏教文化と共に中国・朝鮮から伝来し、一四〇〇年にわたり日本の建築を飾ってきた瓦をめぐって、発掘資料をもとにその製造技術、形態、文様などの変遷をたどる。 四六判320頁 '01

101 植物民俗 長澤武

衣食住から子供の遊びまで、幾世代にも伝承された植物をめぐる暮らしの知恵を克明に記録し、高度経済成長期以前の農山村の豊かな生活文化を愛惜をこめて描き出す。 四六判348頁 '01

102 **箸**（はし）　向井由紀子／橋本慶子

そのルーツを中国、朝鮮半島に探るとともに、日本人の食生活に不可欠の食具となり、日本文化のシンボルとされるまでに洗練された箸の文化の変遷を総合的に描く。　四六判３３４頁　'01

103 **採集**　ブナ林の恵み　赤羽正春

縄文時代から今日に至る採集・狩猟民の暮らしを復元し、動物の生態系と採集生活の関連を明らかにしつつ、民俗学と考古学の両面から山に生かされた人々の姿を描く。　四六判２９８頁　'01

104 **下駄**　神のはきもの　秋田裕毅

古墳や井戸等から出土する下駄に着目し、下駄が地上と地下の他界を結ぶ聖なるはきものであったという大胆な仮説を提出、日本の神々の忘れられた側面を浮彫にする。　四六判３０４頁　'02

105 **絣**（かすり）　福井貞子

膨大な絣遺品を収集・分類し、絣産地を実地に調査して絣の技法と文様の変遷を地域別・時代別に跡づけ、明治・大正・昭和の手づくりの染織文化の盛衰を描き出す。　四六判３１０頁　'02

106 **網**（あみ）　田辺悟

漁網を中心に、網に関する基本資料を網羅して網の変遷と網をめぐる民俗を体系的に描き出し、網の文化を集成する。「網に関する小事典」「網のある博物館」を付す。　四六判３１６頁　'02

107 **蜘蛛**（くも）　斎藤慎一郎

「土蜘蛛」の呼称で畏怖される一方「クモ合戦」など子供の遊びとしても親しまれてきたクモと人間との長い交渉の歴史をその深層に遡って追究した異色のクモ文化論。　四六判３２０頁　'02

108 **襖**（ふすま）　むしゃこうじ・みのる

襖の起源と変遷を建築史・絵画史の中に探りつつその用と美を浮彫にし、衝立・障子・屏風等と共に日本建築の空間構成に不可欠の建具となるまでの経緯を描き出す。　四六判２７０頁　'02

109 **漁撈伝承**（ぎょろうでんしょう）　川島秀一

漁師たちからの聞き書きをもとに、寄り物、船霊、大漁旗など、漁撈にまつわる〈もの〉の伝承を集成し、海の道によって運ばれた習俗や信仰の民俗地図を描き出す。　四六判３３４頁　'03

110 **チェス**　増川宏一

世界中に数億人の愛好者を持つチェスの起源と文化を、欧米における膨大な研究の蓄積を渉猟しつつ探り、日本への伝来の経緯から美術工芸品としてのチェスにおよぶ。　四六判２９８頁　'03

111 **海苔**（のり）　宮下章

海苔の歴史は厳しい自然とのたたかいの歴史だった——採取から養殖、加工、流通、消費に至る先人たちの苦難の歩みを史料と実地調査によって浮彫にする食物文化史。　四六判１７２頁　'03

112 **屋根**　檜皮葺と杮葺　原田多加司

屋根葺師一〇代の著者が、自らの体験と職人の本懐を語り、連綿として受け継がれてきた伝統の手わざを体系的にたどりつつ伝統技術の保存と継承の必要性を訴える。　四六判３４０頁　'03

113 **水族館**　鈴木克美

初期水族館の歩みを創始者たちの足跡を通して辿りなおし、水族館をめぐる社会の発展と風俗の変遷を描き出すとともにその未来像をさぐる初の〈日本水族館史〉の試み。　四六判２９０頁　'03

114　古着（ふるぎ）　朝岡康二

仕立てと着方、管理と保存、再生と再利用等にわたり衣生活の変容を近代の日常生活の変化として捉え直し、衣服をめぐるリサイクル文化が形成される経緯を描き出す。　四六判２９２頁　'03

115　柿渋（かきしぶ）　今井敬潤

染料・塗料をはじめ生活百般の必需品であった柿渋の伝承を記録し、文献資料をもとにその製造技術と利用の実態を明らかにして、忘れられた豊かな生活技術を見直す。　四六判２９４頁　'03

116-I　道 I　武部健一

道の歴史を先史時代から説き起こし、古代律令制国家の要請によって駅路が設けられ、しだいに幹線道路として整えられてゆく経緯を技術史・社会史の両面からえがく。　四六判２４８頁　'03

116-II　道 II　武部健一

中世の鎌倉街道、近世の五街道、近代の開拓道路から現代の高速道路網までを通観し、道路を拓いた人々の手によって今日の交通ネットワークが形成された歴史を語る。　四六判２８０頁　'03

117　かまど　狩野敏次

日常の煮炊きの道具であるとともに祭りと信仰に重要な位置を占めてきたカマドをめぐる忘れられた伝承を掘り起こし、民俗空間の壮大なコスモロジーを浮彫りにする。　四六判２９２頁　'04

118-I　里山 I　有岡利幸

縄文時代から近世までの里山の変遷を人々の暮らしと植生の変化の両面から跡づけ、その源流を記紀万葉に描かれた里山の景観や大和・三輪山の古記録・伝承等に探る。　四六判２７６頁　'04

118-II　里山 II　有岡利幸

明治の地租改正による山林の混乱、相次ぐ戦争による山野の荒廃、エネルギー革命、高度成長による大規模開発など、近代化の荒波に翻弄される里山の見直しを説く。　四六判２７４頁　'04

119　有用植物　菅　洋

人間生活に不可欠のものとして利用されてきた身近な植物たちの来歴と栽培・育種・品種改良・伝播の経緯を平易に語り、植物と共に歩んだ文明の足跡を浮彫にする。　四六判３２４頁　'04

120-I　捕鯨 I　山下渉登

世界の海で展開された鯨と人間との格闘の歴史を振り返り、「大航海時代」の副産物として開始された捕鯨業の誕生以来四〇〇年にわたる盛衰の社会的背景をさぐる。　四六判３１４頁　'04

120-II　捕鯨 II　山下渉登

近代捕鯨の登場により鯨資源の激減を招き、捕鯨の規制・管理のための国際条約締結に至る経緯をたどり、グローバルな課題としての自然環境問題を浮き彫りにする。　四六判３１２頁　'04

121　紅花（べにばな）　竹内淳子

栽培、加工、流通、利用の実際を現地に探訪して紅花とかかわってきた人々からの聞き書きを集成し、忘れられた〈紅花文化〉を復元しつつその豊かな味わいを見直す。　四六判３４６頁　'04

122-I　もののけ I　山内昶

日本の妖怪変化、未開社会の〈マナ〉、西欧の悪魔やデーモンを比較考察し、名づけ得ぬ未知の対象を指す万能のゼロ記号〈もの〉をめぐる人類文化史を跡づける博物誌。　四六判３２０頁　'04

122-Ⅱ ものの け Ⅱ 山内昶

日本の鬼、古代ギリシアのダイモン、中世の異端狩り・魔女狩り等々をめぐり、自然＝カオスと文化＝コスモスの対立の中で〈野生の思考〉が果たしてきた役割をさぐる。四六判280頁 '04

123 染織（そめおり） 福井貞子

自らの体験と厖大な残存資料をもとに、糸づくりから織り、染めにわたる手づくりの豊かな生活文化を見直す。創意にみちた手わざのかずかずを復元する庶民生活誌。四六判294頁 '05

124-Ⅰ 動物民俗Ⅰ 長澤武

神として崇められたクマやシカをはじめ、人間にとって不可欠の鳥獣や魚、さらには人間を脅かす動物など、多種多様な動物たちと交流してきた人々の暮らしの民俗誌。四六判264頁 '05

124-Ⅱ 動物民俗Ⅱ 長澤武

動物の捕獲法をめぐる各地の伝承を紹介するとともに、全国で語り継がれてきた多彩な動物民話・昔話を渉猟し、暮らしの中で培われた動物フォークロアの世界を描く。四六判266頁 '05

125 粉（こな） 三輪茂雄

粉体の研究をライフワークとする著者が、粉食の発見からナノテクノロジーまで、人類文明の歩みを〈粉〉の視点から捉え直した壮大なスケールの〈文明の粉体史観〉 四六判302頁 '05

126 亀（かめ） 矢野憲一

浦島伝説や「兎と亀」の昔話によって親しまれてきた亀のイメージの起源を探り、古代の亀卜の方法から、亀にまつわる信仰と迷信、鼈甲細工やスッポン料理におよぶ。四六判330頁 '05

127 カツオ漁 川島秀一

一本釣り、カツオ漁場、船上の生活、船霊信仰、祭りと禁忌など、カツオ漁にまつわる漁師たちの伝承を集成し、黒潮に沿って伝えられた漁民たちの文化を掘り起こす。四六判370頁 '05

128 裂織（さきおり） 佐藤利夫

木綿の風合いと強靭さを生かした裂織の技と美をすぐれたリサイクル文化として見なおす。東西文化の中継地・佐渡の古老たちからの聞書をもとに歴史と民俗をえがく。四六判308頁 '05

129 イチョウ 今野敏雄

「生きた化石」として珍重されてきたイチョウの生い立ちと人々の生活文化とのかかわりの歴史をたどり、この最古の樹木に秘められたパワーを最新の中国文献にさぐる。四六判312頁〔品切〕 '05

130 広告 八巻俊雄

のれん、看板、引札からインターネット広告までを通観し、いつの時代にも広告が人々の暮らしと密接にかかわって独自の文化を形成してきた経緯を描く広告の文化史。四六判276頁 '06

131-Ⅰ 漆（うるし）Ⅰ 四柳嘉章

全国各地で発掘された考古資料を対象に科学的解析を行ない、縄文時代から現代に至る漆の技術と文化を跡づける試み。漆が日本人の生活と精神に与えた影響を探る。四六判274頁 '06

131-Ⅱ 漆（うるし）Ⅱ 四柳嘉章

遺跡や寺院等に遺る漆器を分析し体系づけるとともに、絵巻物や文学作品の考証を通じて、職人や産地の形成、漆工芸の地場産業としての発展の経緯などを考察する。四六判216頁 '06

132 **まな板** 石村眞一
日本、アジア、ヨーロッパ各地のフィールド調査と考古・文献・絵画・写真資料をもとにまな板の素材・構造・使用法を分類し、多様な食文化とのかかわりをさぐる。 四六判372頁 '06

133-I **鮭・鱒**（さけ・ます）I 赤羽正春
鮭・鱒をめぐる民俗研究の前史から現在までを概観するとともに、原初的な漁法から商業的漁法にわたる多彩な漁法と用具、漁場と社会組織の関係などを明らかにする。 四六判292頁 '06

133-II **鮭・鱒**（さけ・ます）II 赤羽正春
鮭漁をめぐる行事、鮭捕り衆の生活等を聞き取りによって再現し、人工孵化事業の発展とそれを担った先人たちの業績を明らかにするとともに、鮭・鱒の料理におよぶ。 四六判352頁 '06

134 **遊戯** その歴史と研究の歩み 増川宏一
古代から現代まで、日本と世界の遊戯の歴史を概説し、内外の研究者との交流の中で得られた最新の知見をもとに、研究の出発点と目的を論じ、現状と未来を展望する。 四六判296頁 '06

135 **石干見**（いしひみ） 田和正孝編
沿岸部に石垣を築き、潮汐作用を利用して漁獲する原初的漁法を日・韓・台に残る遺構と伝承の調査・分析をもとに復元し、東アジアの伝統的漁撈文化を浮彫りにする。 四六判332頁 '07

136 **看板** 岩井宏實
江戸時代から明治・大正・昭和初期までの看板の歴史を生活文化史の視点から考察し、多種多様な生業の起源と変遷を多数の図版をもとに紹介する〈図説商売往来〉。 四六判266頁 '07

137-I **桜I** 有岡利幸
そのルーツと生態から説きおこし、和歌や物語に描かれた古代社会の桜観から「花は桜木、人は武士」の江戸の花見の流行まで、日本人と桜のかかわりの歴史をさぐる。 四六判382頁 '07

137-II **桜II** 有岡利幸
明治以後、軍国主義と愛国心のシンボルとして政治的に利用されてきた桜の近代史を辿るとともに、日本人の生活と共に歩んだ「咲く花、散る花」の栄枯盛衰を描く。 四六判400頁 '07

138 **麴**（こうじ） 一島英治
日本の気候風土の中で稲作と共に育まれた麴菌のすぐれたはたらきの秘密を探り、醸造化学に携わった人々の足跡をたどりつつ醱酵食品と日本人の食生活文化を考える。 四六判244頁 '07

139 **河岸**（かし） 川名登
近世初頭、河川水運の隆盛と共に物流のターミナルとして賑わい、船旅や遊廓などをもたらした河岸（川の港）の盛衰を河岸に生きる人々の暮らしの変遷としてえがく。 四六判300頁 '07

140 **神饌**（しんせん） 岩井宏實／日和祐樹
土地に古くから伝わる食物を神に捧げる神饌儀礼に祭りの本義を探り、近畿地方主要神社の伝統的儀礼をつぶさに調査して、豊富な写真と共にその実際を明らかにする。 四六判374頁 '07

141 **駕籠**（かご） 櫻井芳昭
その様式、利用の実態、地域ごとの特色、車の利用を抑制する交通政策との関連から駕籠かきたちの風俗までを明らかにし、日本交通史の知られざる側面に光を当てる。 四六判294頁 '07

142 **追込漁**（おいこみりょう） 川島秀一
沖縄の島々をはじめ、日本各地で今なお行なわれている沿岸漁撈を実地に精査し、魚の生態と自然条件を知り尽した漁師たちの知恵と技を見直しつつ漁業の原点を探る。 四六判368頁 '08

143 **人魚**（にんぎょ） 田辺悟
ロマンとファンタジーに彩られて世界各地に伝承される人魚の実像をもとめて東西の人魚誌を渉猟し、フィールド調査と膨大な資料をもとに集成したマーメイド百科。 四六判352頁 '08

144 **熊**（くま） 赤羽正春
狩人たちからの聞き書きをもとに、かつては神として崇められた熊と人間との精神史的な関係をさぐり、熊を通して人間の生存可能性にもおよぶユニークな動物文化史。 四六判384頁 '08

145 **秋の七草** 有岡利幸
『万葉集』で山上憶良がうたいあげて以来、千数百年にわたり秋を代表する植物として日本人にめでられてきた七種の草花の知られざる伝承を掘り起こす植物文化誌。 四六判306頁 '08

146 **春の七草** 有岡利幸
厳しい冬の季節に芽吹く若菜に大地の生命力を感じ、春の到来を祝い新年の息災を願う「七草粥」などとして食生活の中に巧みに取り入れてきた古人たちの知恵を探る。 四六判272頁 '08

147 **木綿再生** 福井貞子
自らの人生遍歴と木綿を愛する人々との出会いを織り重ねて綴り、優れた文化遺産としての木綿衣料を紹介しつつ、リサイクル文化としての木綿再生のみちを模索する。 四六判266頁 '09

148 **紫**（むらさき） 竹内淳子
今や絶滅危惧種となった紫草（ムラサキ）を育てる人びと、伝統の紫根染を今に伝える人びとを全国にたずね、貝紫染の始原を求めて吉野ヶ里におよぶ「むらさき紀行」。 四六判324頁 '09

149-Ⅰ **杉Ⅰ** 有岡利幸
その生態、天然分布の状況から各地における栽培・育種、利用にいたる歩みを弥生時代から今日までの人間の営みの中で捉えなおし、わが国林業史を展望しつつ描き出す。 四六判282頁 '10

149-Ⅱ **杉Ⅱ** 有岡利幸
古来神の降臨する木として崇められるとともに生活のさまざまな場面で活用され、絵画や詩歌に描かれてきた杉の文化をたどり、さらに「スギ花粉症」の原因を追究する。 四六判278頁 '10

150 **井戸** 秋田裕毅（大橋信弥編）
弥生中期になぜ井戸は突然出現するのか。飲料水など生活用水ではなく、祭祀用の聖なる水を得るためだったのではないか。目的や構造の変遷、宗教との関わりをたどる。 四六判260頁 '10